新时代美丽四川建设战略研究

郝春旭　葛察忠　罗　彬　董战峰 ◎ 主编

人民日报出版社

北　京

图书在版编目（CIP）数据

新时代美丽四川建设战略研究 / 郝春旭等主编 . —
北京：人民日报出版社，2022.11
ISBN 978-7-5115-7577-7

Ⅰ . ①新… Ⅱ . ①郝… Ⅲ . ①生态环境建设－环境保护战略
－研究－四川 Ⅳ . ① X321.271

中国版本图书馆 CIP 数据核字（2022）第 222557 号

书 名：**新时代美丽四川建设战略研究**
XINSHIDAI MEILI SICHUAN JIANSHE ZHANLUE YANJIU
主 编：郝春旭 葛察忠 罗 彬 董战峰

出 版 人：刘华新
责任编辑：万方正
封面设计：汉风唐韵

出版发行：人民日报出版社
社 址：北京金台西路 2 号
邮政编码：100733
发行热线：（010）65369527 65369509 65369512 65369846
邮购热线：（010）65369530 65363527
编辑热线：（010）65369521
网 址：www.peopledailypress.com
经 销：新华书店
印 刷：天津钧亚印务有限公司
法律顾问：北京科宇律师事务所 010-83622312

开 本：710mm×1000mm 1/16
字 数：230 千字
印 张：16
印 次：2022 年 11 月第 1 版 2023 年 7 月第 1 次印刷

书 号：ISBN 978-7-5115-7577-7
定 价：58.00 元

编委会成员

主　编：郝春旭　葛察忠　罗　彬　董战峰

编　委：赵元浩　彭　忱　周　佳　冀云卿　胡　睿

秦昌波　陈俊豪　雷　宇　王丽娟

庞凌云　金　玲　王　恒　黄　庆　谢　怡

张虹浜　马丽雅　刘冬梅　周　全

李　娜　璩爱玉　李晓亮　龙　凤

程翠云　连　超　毕粉粉　宋祎川

王　彬　杜艳春　贾　真　李婕旦　王　青

序　言

　　四川地处青藏高原向四川盆地的过渡地带，境内辽阔壮丽的高原风光与瑰丽迷人的巴山蜀水交相辉映，奔腾东流的长江黄河环抱滋润着这方神秘的土地，汉藏彝羌等多民族融汇共创的历史文化多姿多彩，三星堆、九寨沟、大熊猫蜚声世界，自古就有"天府之国"的美誉。

　　党的十八大以来，习近平总书记十分关心重视四川的生态文明建设和生态环境保护工作。2022年6月，习近平总书记在宜宾市三江口考察时明确指出，四川地处长江上游，要增强大局意识，牢固树立上游意识，坚定不移贯彻共抓大保护、不搞大开发方针，筑牢长江上游生态屏障，守护好这一江清水。

　　四川省委、省政府始终牢记习近平总书记的殷殷嘱托，于2022年8月印发《美丽四川建设战略规划纲要（2022-2035年）》，吹响了谱写美丽中国四川篇章的"冲锋号"，谋划了美丽四川建设空间共营、家园共建、产业共兴、环境共治、生态共保、文化共创、社会共识7大重点任务，提出经由这7大行动建设成为美丽中国先行区、长江黄河上游生态安全高地、绿色低碳经济发展实验区和中国韵·巴蜀味宜居地，最终实现"各美其美、美美与共"的美丽四川建设成果全民共享。

　　在美丽四川建设征程上，我们将始终坚持以习近平生态文明思想为指引，以美丽中国的愿景为导向，以不断满足人民对美好生活的向往为根本动力，坚定不移地走好绿色发展之路，加快推动美丽四川建设的各项决策部署落实落地。我们坚持"生态优先、统筹规划、以人为本、有序推进"的原则，始终围绕美丽四川建设的总体目标，将15年建设期划为"全面起步、全域推进、巩固提升"三个阶段，有力有序推进美丽四川的各项建设，让美丽四川的宏伟愿景尽快成为现实，美丽中国的四川篇章早日绘就。

未来15年，我们将筑牢美丽四川之基，以美构图，勾勒以山为基、以水为脉、以人为本遥相呼应的美丽空间绵延画卷。我们将厚植美丽四川之根，以美载景，形成生机勃发的生态系统、千姿百态的自然风光，让长江黄河上游生态屏障更加牢固。我们将塑造美丽四川之干，以美承居，建设形态优美、充满活力、生活安逸、记得住乡愁的宜居家园。我们将培育美丽四川之枝，以美呈境，打造舒适安宁的宜人环境，重现抬头可见的蔚蓝天空，恢复伸手可亲的碧绿水体，建设安全无虞的无忧净土。我们将强壮美丽四川之脉，以美促产，推进"双碳"，建设未来之美，升级产业，创造科技之美。我们将滋养美丽四川之叶，以美宣文，繁荣底蕴厚重的巴蜀文化，提升巴蜀文化影响，推动文化艺术创新，加强文艺阵地建设。我们将绽放美丽四川之花，以美治蜀，毕现善治之美，推进治理体系科学高效。

美丽四川是无数巴蜀儿女心中的美好憧憬，也是四川独特风光和绚丽文化走向世界的魅力名片。新时代新征程，我们心怀梦想，共启愿景：到2035年，四川将基本建成"绿色低碳循环产业体系全面建成、自然生态生机勃发、碧水蓝天美景常在、城乡形态优美多姿、文化艺术竞相绽放的美丽天府"，成为中国最美丽区域之一；到新中国成立100年，"瑰丽多姿的天府之国，绚丽多彩的幸福巴蜀，魅力独特的美丽四川"将成为美丽中国的一张亮丽名片。

四川省生态环境厅党组副书记、副厅长　李岳东

2022年9月

前　言

　　建设美丽中国是以习近平同志为核心的党中央立足于实现中华民族伟大复兴和永续发展作出的重大战略决策，是对未来中长期推进我国生态文明建设与生态环境保护的统领性目标要求。党的十九大报告将"美丽"写入社会主义现代化强国目标，提出到2035年美丽中国目标基本实现，为我国生态文明建设和人与自然和谐共生的现代化描绘了美好蓝图。

　　四川省地处长江、黄河上游，是"一带一路"重要纽带、长江经济带核心腹地、成渝地区双城经济圈主体区域，生态位置重要，战略地位突出，素有"天府之国"的美誉。习近平总书记对四川生态文明建设高度重视，要求四川抓好生态文明建设，让天更蓝、地更绿、水更清。牢记习近平总书记殷殷嘱托，四川切实加强精准治污、科学治污、依法治污，打出一系列"组合拳"。

　　四川省委、省政府深入贯彻习近平生态文明思想，全面落实习近平总书记对四川工作系列重要指示精神，《四川省国民经济和社会发展第十四个五年规划和二〇三五年远景目标纲要》等系列文件，明确提出2035年美丽四川建设目标基本实现，按照省委、省政府关于推进美丽四川建设的安排部署，开展美丽四川建设战略研究，对标美丽四川建设目标，依托四川独特的生态之美、多彩的人文之韵，探索生态好、生活富、经济优、文化兴的发展道路，谋划美丽空间、锦绣家园、绿色经济、宜人环境、和谐生态、多元文化美丽实现路径，奋力绘就"各美其美、美美与共"的天府画卷，谱写美丽中国的四川篇章。

本书在编写过程中，得到了四川省委、省政府的大力支持，也得到了四川省生态环境厅、四川省发展和改革委员会、四川省农业农村厅、四川省自然资源厅、四川省住房和城乡建设厅等部门的大力支持，得到了中国工程院侯立安院士、贺克斌院士、吴丰昌院士，国务院发展研究中心谷树忠研究员、北京大学王奇教授、四川省社会科学院李晓燕教授、西南交通大学舒兴川副教授等专家的指导，也得到了四川省生态环境厅李岳东副厅长，生态环境部环境规划院陆军书记、王金南院长、严刚副院长、万军总工程师等领导的大力支持，在此表示衷心的感谢！

本书是生态环境部环境规划院、四川省环境政策研究与规划院共同围绕美丽四川建设开展综合性、战略性规划研究取得的相关成果，以期为推动美丽中国和生态文明建设提供参考。全书共计十六章，由郝春旭、葛察忠、罗彬、董战峰统稿，第一章主要执笔人是郝春旭，葛察忠；第二章主要执笔人是黄庆，罗彬，谢怡；第三章主要执笔人是郝春旭，董战峰；第四章主要执笔人是张弨浜，马丽雅，刘冬梅；第五章主要执笔人是陈俊豪；第六章主要执笔人是周佳；第七章主要执笔人是冀云卿；第八章主要执笔人是赵元浩；第九章主要执笔人是王丽娟；第十章主要执笔人是陈俊豪；第十一章主要执笔人是彭忱；第十二章主要执笔人是周佳；第十三章主要执笔人是冀云卿；第十四章主要执笔人是庞凌云；第十五章主要执笔人是彭忱；第十六章主要执笔人是赵元浩。

希望本书的出版会对生态文明建设有关政府部门管理人员、高校院所从事生态文明政策研究的专家学者，以及有关专业的研究生提供参考。此外，有必要指出的是，限于编写人员的能力水平，以及资料查阅的局限性，报告的一些结论也可能不可避免地存在争议，希望诸位同人一起多加探讨交流，也恳请广大读者批评指正！

郝春旭

2022年7月11日

目录

下篇 战略规划篇

上　篇

战略研究篇

第一章　美丽四川建设的内涵和特征

美丽四川建设是四川省深入贯彻党的十八大提出的推进生态文明建设，努力建设美丽中国的重大决策，不仅有助于提升经济发展的质量，提高人民生活水平，同时对于实现自然资源可持续利用和生态环境保护具有重要意义。事实上，美丽四川有着深厚的哲学和科学内涵，代表人与自然在较高发展水平的协调统一。

1.1　建设背景

党的十八大首次提出美丽中国的概念，十八届五中全会又将建设美丽中国纳入"十三五规划"中。党的十九大报告指出，加快生态文明体制改革，建设美丽中国。十九届四中全会提出，生态文明建设是关系中华民族永续发展的千年大计。践行绿水青山就是金山银山的理念，坚持节约资源和保护环境的基本国策，坚持节约优先、保护优先、自然恢复为主的方针，坚定走生产发展、生活富裕、生态良好的文明发展道路，建设美丽中国。

建设美丽中国，就是坚持人与自然是生命共同体的理念，重点协调人与地的关系、地与地的关系、人与人的关系，营造绿水青山的生态环境，打造舒适宜居的城乡空间，让人民群众共享自然之美、生命之美、生活之美[①]，实现国家经济社会可持续发展、自然资源永续利用和生态环境保护的目标。近年来，随着生态文明建设的不断深入，美丽中国建设目标也在不断推进，新时代的发展背景与发展目标要求各省域空间积极推进生态文明建设，实现美丽省域建设目标，进而实现美丽中国建设目标。省域空间，不仅承接了美丽中国建设的要求，也是推进落实市、县乃至乡镇空间开展美丽中国建设的重要载体，因此，美丽省域不仅是承上启下推进美丽中国建设的重要空间单元，同时也是各省推进生态文明建设的内在要求，有助于推动各省落实2035年美丽中国目标的实现。

四川省作为长江上游重要的生态屏障和水源涵养地，肩负着维护我国生态安全格局的重要使命。近年来在生态文明建设方面，特别是党的十八大以来，四川省认真学习贯彻落实习近平生态文明思想和习近平总书记对四川工作系列重要指示精神，不断筑牢长江上游生态屏障，生态文明建设取得明显成效。在美丽四川建设方面，四川省委、省政府高度重视，2016年7月28日，省委十届八次全体会议通过了《中共四川省委关于推进绿色发展建设美丽四川的决定》，提出美丽四川建设2020年主要目标。2018年5月15日，时任四川省委书记彭清华在省委生态环境保护专题会议强调，建设长江上游生态屏障，奋力谱写美丽中国四川篇章。2018年7月，省委十一届三次全会作出《深入学习贯彻习近平总书记对四川系列重要指示精神的决定》《全面推动高质量发展的决定》，均对推进美丽四川建设作出部署。2018年11月，省委、省政府印发了《关于全面加强生态环境保护坚决打好污染防治攻坚战的实施意见》，提出到2035年基本实现美丽四川建设的战略目标。2022年8月，省委、省政府印发《美丽四川建设战略规划纲要（2002—2035年）》，提出了坚持生态优先、系统谋划、以人为本、有序

[①] 秦书生：《习近平关于建设美丽中国的理论阐释与实践要求》，《党的文献》2018年第5期。

推进的基本原而和建设美丽中国先行区、长江黄河上游生态安高地、绿色低碳经济发展实验区、中国韵·巴蜀味宜居地的战略定位，并分阶段提出了美丽四川的建设目标。

1.2 内涵

新时代美丽中国建设能够开创新局面，根本原因在于以习近平同志为核心的党中央坚强领导，在于习近平生态文明思想的科学指引。习近平生态文明思想深刻回答了为什么建设生态文明、建设什么样的生态文明、怎样建设生态文明等重大理论和实践问题，是党领导人民推进生态文明建设取得的标志性、创新性、战略性重大理论成果，为建设美丽中国提供了根本遵循。《习近平新时代中国特色社会主义思想学习纲要》（以下简称《纲要》）将建设美丽中国作为新时代中国特色社会主义生态文明建设的主题进行系统阐述，深刻阐明了实现这一伟大奋斗目标的根本要求。《纲要》强调，坚持人与自然和谐共生。建设人与自然和谐共生的现代化，建设望得见山、看得见水、记得住乡愁的美丽中国。这深刻指明了人与自然和谐共生关系，为建设美丽中国提供了重要思想指引。

"美丽"本是一个形容词，指某事物在形式、比例、布局、风度、颜色或声音上达到一种美好境界，但若在其后面加上"四川"二字，便赋予"美丽"一词以动态，意为让四川变得更美丽。美丽四川是个集合的概念，包括自然环境美和人造环境美，绿色发展、绿色消费之美，人与自然、人与人之间的和谐之美，以及生态文明制度之美和经济治理、社会治理、生态治理之美，因此，对美丽四川要从全局的视角来认识。美丽四川的内涵可以从四个方面进行具体解读。

美丽四川的生态文明美。建设生态文明，是关系人民福祉、关乎民族未来的长远大计。对美丽四川的解读，最重要的部分便是解读好生态文明。从不同的层次剖析，生态文明的具体含义体现在以下几个方面：个人层面表现为生活方式绿色化；社会层面表现为生产方式生态化；国家层面表现为生态文明制度化；全球层面表现为推进全球生态治理[①]。生态文明美是习近平建设美丽中国思想中最基础层面的美，是最基本的内涵，美丽强国是建设美丽中国的最终目标和价值旨归[②]。因此美丽四川的建设必须首先建设好生态文明美。必须从"着力推进绿色发展、循环发展、低碳发展"，并分别就"优化四川省内国土空间开发格局""全面促进资源节约""加大自然生态系统和环境保护力度"和"加强生态文明制度建设"等方面进行系统阐述。面对资源约束趋紧、环境污染严重、生态系统退化的严峻形势，必须树立尊重自然、顺应自然、保护自然的生态文明理念，把生态文明建设放在突出地位，融入经济建设、政治建设、文化建设、社会建设，努力建设美丽四川，实现永续发展。这是推进省内生态文明建设的实质和本质特征，也是对四川省现代化建设提出的更新、更高要求。只有基于这样的理念，才能实现人与自然和谐相处，才能实现人的全面发展。

美丽四川的经济发展美。山清水秀但贫穷落后不是美丽四川，强大富裕而环境污染同样不是美丽四川。离开经济发展讲环保，那是缘木求鱼；离开环保谈发展经济，那是竭泽而渔。当前，我国经济已由高速增长阶段转向高质量发展阶段，坚持新发展理念是新时代经济发展的基本方略之一。因此，要将新发展理念贯穿于建设美丽四川的全过程。要深刻意识到，创新发展是实现美丽四川的重要动力；协调发展是实现美丽四川的内在要求；绿色发展是实现美丽四川的根本路径；开放发展是实现美丽四川的重要条件；共享发展是实现美丽四川的必然选择；发展科学技术是建设美丽四川的核心[③]。因此美丽四川的经济建设首先要着力构建绿色产业体系，加快发展节能环保产业和不断壮大清洁能源产业，大力实施绿色制造，依法依规推动落后产能退出，加快推进用能权交易制度试点，推动构

[①] 李宏伟：《建设美丽中国的四个维度》，《紫光阁》2018年第1期。

[②] 陆树程、李佳娟：《试析习近平美丽中国思想的提出语境、主要内容和基本要求》，《思想理论教育导刊》2018年第9期。

[③] 肖平：《新时代美丽中国的实现路径探析》，《贵阳市委党校学报》2018年第2期。

建市场导向的绿色技术创新体系，加快构建绿色低碳循环经济体系；另外要推动建立资源节约集约利用体系，协同推进节能降耗和促进资源循环利用，持续抓好园区循环化改造、大宗固体废弃物综合利用基地、城市废弃物资源循环利用基地、农作物秸秆全域综合利用等国家级和省级各类循环经济试点示范工作；还要加强生态建设与保护，推进重点工程实施，加强长江生态环境保护和加快构建共抓大保护的体制机制，在工业、建筑、交通运输、公共机构等领域，组织实施一批节能减排重点工程。

美丽四川的社会和谐美。美丽四川不仅仅在于自然环境美，也包括生活在四川的居民所享受的公共服务：便捷的公共设施（快捷的交通设施、绿地、医疗服务），高质量的生活水平以及公平发展的机会（劳动就业）。坚持以人为本，加快社会治理体系和治理能力现代化，以提高人民生活质量，满足人民日益增长的对良好生态环境、优质生态产品的需求，实现社会和谐发展。"仓廪实而知礼节，衣食足而知荣辱"，只有城市居民生活条件和质量得到改善，美丽四川才拥有鲜活的城市魅力和不竭的城市动力。科学发展观强调以人为本的核心，即美丽四川建设的出发点和落脚点是改善民生、促进人的全面而自由的发展。不断促进基础设施建设人性化、城市环境生态化、城市风貌特殊化、城市服务优质化，以城市生活质量为基础，释放城市个性，提高城市的宜居性以及居民的幸福感。

美丽四川的精神文明美。党的十八大报告指出："让人民享有健康丰富的精神文化生活，是全面建成小康社会的重要内容。"美丽四川，美在山川，美在文化，美在历史，更美在人文——最美的是人。美丽四川，没有了最美四川人，如无根之木、无源之水，徒具美丽外表，不具美丽生命。如今的人们不只追求吃饱穿暖的物质方面需求，更追求对美好生活向往的精神需求。按照我国学者费孝通先生的话来描述就是："各美其美，美人美之，美美与共，天下大同。"显然，这是一种对于美好生活向往的社会叙事，意味着每个人（包括每个民族）都能够创造自己的美好生活，同时能够促进和欣赏别人的美好生活，使社会各种美好融合于一起，实现全社会大同之美。总之，生态环境问题表面上是自然的问题，本质上则是社会问题。为了满足广大人民对提高生态环境质量的要求，需要大力推进生态文明建设，提供更多优质生态产品，不断满足人民群众日益增长的对优美生态环境的需要。除此之外，美丽四川的法治建设也强调落脚点是公民权利，要保护公民的生存权、发展权，更要保护公民的环境权[①]。坚持中国特色社会主义民主政治制度，加强生态法治建设，推动法制配套衔接，筑牢"绿水青山"法治基石。

1.3 外延

"美丽四川"是无数巴蜀儿女心中的美好愿景，也将是四川独特风光和绚丽文化走向世界的魅力名片。站在新时代的起点，心怀梦想，共启愿景：到2035年，四川将基本建成"自然生态生机勃发，碧水蓝天美景常新，城乡形态优美多姿，文化艺术竞相绽放"的中国美丽区域之一；到新中国成立100年，"瑰丽多姿的天府之国，绚丽多彩的幸福巴蜀，魅力独特的美丽四川"将成为美丽中国的一张亮丽名片。

筑牢美丽四川之基。四川将全力构建"三区十带、百城千村"如诗如画的魅力空间，将全省划为青藏高原壮美雪域风光区、四川盆地优美田园风光区和攀西阳光康养旅游区，将纵贯全省的长江、黄河、嘉陵江、雅砻江、大渡河、赤水河、涪江、渠江、岷江、沱江划为美丽河湖风情带；重点打造成都公园城市、18个地级城市和天府旅游名县所在县城、天府名镇等100个高品质宜居魅力城市，在独具特色的四川农村建设1000个环境优美、民风淳厚、绚丽多彩的美丽村镇。

厚植美丽四川之根。生机勃发的生态系统、千姿百态的自然风光是建设美丽四川的根之所在。大力保护修复全省受损自然生态，让雪山、峻岭、草原、森林、河湖、湿地成为美丽四川的坚实基础，长江黄河上游生态屏障更加牢固。

塑造美丽四川之干。形态优美、充满活力的现代高品质宜居城市，

---

① 侯佳儒：《"美丽中国"的法治内涵》，《环境经济》2013年第4期。

是未来巴蜀儿女工作生活的主要聚居区，必然是美丽四川建设的"主阵地"。紧紧抓住国家大力支持成渝地区双城经济圈建设的战略机遇，大力实施四川"一干多支"区域发展战略，努力构建以成都公园城市为核心，以风格多样、优美多姿的地级城市和"烟火气息"醇厚的县城为节点，以千姿百态、充满活力的建制镇为补充的美丽城市体系。

培育美丽四川之支。辽阔的高原牧区和盆地农村，是四川未来最具特色、最有魅力、最有潜力的区域，是美丽城市主干的必然延展。紧紧抓住乡村振兴的历史机遇，以星罗棋布的自然村落为基本单元，有序构造环境优美、民风淳朴、宁静舒适的美丽乡村新格局。

滋养美丽四川之叶。"天府之国"四川拥有青城山、峨眉山、九寨沟、都江堰等世界自然历史文化遗产，大熊猫国家公园已启动建设，珍稀濒危动植物得到有效保护，530处各类自然保护迹地散布全省。加大对全省山水林田湖草沙的系统治理，持续开展生态系统的保护修复，大力提高生物多样性，让四川真正成为野生动植物的"避难所"和自由栖息的"天堂"。

绽放美丽四川之花。四川是多民族聚居地，汉藏彝羌民族特色鲜明，文化艺术灿烂多彩，乐山大佛、杜甫草堂、三星堆蜚声中外，历史积淀深厚，生活气息浓郁。融汇多民族绚丽的文化艺术元素，大力传承弘扬传统川剧、民族歌舞、乡土文化，高标准建设一批现代博物馆、美术馆、图书馆、音乐厅，努力营造文学、美术、音乐佳作不断诞生的良好氛围，奋力打造风格多样、雅俗共赏、具有全球影响力的文化艺术之都。

扮靓美丽四川之颜。美丽四川绝不能与严重雾霾、黑臭水体、污染土地相伴，一流的环境质量是美丽四川的靓丽底色和颜值担当。紧扣减污降碳的时代主旋律，持续深入开展污染防治攻坚，切实加大对大气、水体、土壤、噪声、电磁等各类污染的治理力度，打造国内一流的环境质量。

1.4 特征分析

建设美丽四川，不仅要进一步彰显自然风景秀美，也要实现城市宜美、乡村富美、人民生活和美、文化醇美，更要展现城乡协调发展之美、发展与保护协调之美。其主要特征体现在以下几个方面。

风景秀美是美丽四川建设的前提。 人类的生产发展离不开美丽的自然环境，以牺牲环境为代价获得的发展并不能称之为发展。要做到尊重自然、顺应自然、保护自然，通过生态保护、环境治理实现天、地、人和谐相处。美丽四川就是"让人民看得见山、望得见水"，走进大自然，体会到陶渊明"采菊东篱下，悠然见南山"的超然。

城市宜美是美丽四川建设的关键所在。 "创新是一个民族进步的灵魂，是一个国家兴旺发达的不竭动力，也是中华民族最深沉的民族禀赋"[①]。同理，建设宜美城市就要靠产业化的创新来培育和形成新的增长点，进一步加强交通条件、基础设施、住房条件的改善，同时强抓节能减排，打造宜居环境，改善并提升城市资源环境承载力，从而实现经济社会的可持续发展。城市宜美就是丰富的物质保障、平等自由幸福安康的生活、优美的生存生活环境。

乡村富美是美丽四川建设的难点所在。 有美丽乡村，才有美丽四川。建设美丽四川，要加快推进农村人居环境整治，创新农业发展模式，提高农村生活水平。美丽乡村建设的过程让群众参与、效果让群众检验、成效让群众受益，广大农民才会更有获得感、更具幸福感[②]。美丽四川就是让新时代的乡村富起来、美起来，让美丽乡村成为宜居宜业的美好家园。

格局优美是美丽四川建设的有力抓手。 要做好城乡统筹，围绕新型城镇化和城乡融合发展的要求，通过结合农业自身潜力挖掘工业反哺农业，结合扩大农村就业与完善农业转移人口市民化政策机制，结合美丽乡村建设和新型农业现代化建设，统筹城乡发展规划、建设、管理三大环节，推动城乡发展和城乡建设进入质量提升的新阶段，形成城乡互动、城乡共荣的发展格局。格局优美的关键在于做好发展与保护统筹，平衡和处理好发

---

① 《习近平说治国治理》（第一卷），外文出版社2018年1月第2版，第59页。。
② 人民日报评论员：《建设好生态宜居的美丽乡村》，人民网2018年4月24日。

展与保护的关系，树立"绿水青山就是金山银山"的理念，以生态环境高水平保护推动经济高质量发展，坚持生态优先、绿色发展，持续改善生态环境质量，不断提升自然资本价值。

生活和美是美丽四川建设的最终目标。生活和美的本质特征在于关注民生、以人为本、人民至上。因此，美丽四川建设需要始终坚持以人民为中心的发展思想，把握城乡发展的阶段性特征，努力提高人民生活质量，让人民群众享有高品质的生活空间和便利的生活环境。要改善细微之处，如深入实施水污染防治行动计划，保障饮用水安全，基本消灭城市黑臭水体，还给老百姓清水绿岸、鱼翔浅底的景象；全面落实土壤污染防治行动计划，突出重点区域、行业和污染物，强化土壤污染管控和修复，有效防范风险，让老百姓吃得放心、住得安心①；持续改善城乡人居环境，加快补齐垃圾处理设施短板，提升垃圾治理水平，打造和谐、优美、宜居的生活空间。

文化醇美是美丽四川建设的强大动力。文化是一个国家和民族的灵魂，是生存和发展的根基，更是持续推进美丽四川建设的内在推动力。建设醇美文化需要结合美丽四川建设目标，打造人与自然和谐共生的文化共识，以及体现四川特征的本土文化、生态文化、自然遗产文化。因此，需要结合美丽四川建设，凝聚中华文明对于人与自然和谐共生的文化共识，从而形成构建绿色生产方式、生活方式的文化基石。文化醇美，还要体现流域性、区域性、地方性。流域性，即需要挖掘体现流域生态系统特征的文化特质；区域性，需要打造符合区域人地关系特征的生态文化；本土性，即需要构建有利于当地生态环境治理的文明习性。随着城乡居民文化消费水平持续提升，大众精神文化需求增长强劲，就是要在文化投资主体日趋多元化、文化消费水平不断提升、文化消费稳步提高、文化新业态发

---

① 《习近平出席全国生态环境保护大会并发表重要讲话》，中华人民共和国中央人民政府网站2018年5月19日。

展势头强劲的当代①，将美丽四川的文化建设，融入到文化教育、文化产业当中，加快推动自然文化、生态文化、绿色文化等文化产品和服务的生产、传播、消费的数字化、网络化进程。

1.5 目的和意义

开展美丽四川建设是习近平生态文明思想的生动实践，是满足广大人民群众日益增长的物质文化和精神文明需要的有效途径，是巴蜀儿女的共同期盼，是实现四川全面小康的基本要求。美丽四川建设的目的和意义可以从不同角度进行解读。

建设美丽四川是协调推进经济高质量发展和生态环境高水平保护的需要。自党的十八大将生态文明建设上升为国家战略以来，省委、省政府认真贯彻落实中央重大决策部署，坚持建设长江上游生态屏障目标不动摇，坚定促进转型发展，坚决淘汰落后产能，坚决守护绿水青山，在推进绿色发展、改善生态环境上取得了重大成效。但是，四川省生态环境状况仍面临严峻形势，大气、水、土壤等环境污染问题突出，部分地区生态脆弱，自然灾害频发，资源环境约束趋紧，节能减排降碳任务艰巨，生态文明体制机制不够完善，全社会生态、环保、节约意识还不够强，树立和落实绿色发展理念、推动发展方式转变已成为刻不容缓的重大历史任务。通过探索建立具有示范意义的"美丽四川"典型案例，可以为实现高质量发展提供宏观战略决策支持，在国家西部生态文明建设中发挥示范引领作用。

建设美丽四川，是落实"五位一体"总体布局和"四个全面"战略布局、践行绿色新发展理念的重大举措。建设美丽四川，是适应经济发展新常态、加快转型发展的时代要求，是满足全省人民对良好生态环境新期待、全面建成小康社会的责任担当，是筑牢长江上游生态屏障、维护国家生态安全的战略使命。必须充分认识推进绿色发展的重要性和紧迫性，牢

---

① 李正华：《党的十八大以来改革开放的重要特征》，《马克思主义研究》2020年第1期。

固树立"保护生态环境就是保护生产力，改善生态环境就是发展生产力"的理念，坚持尊重自然、顺应自然、保护自然，以对脚下这片土地负责、对人民和历史负责的态度，坚定走生态优先、绿色发展之路，努力开创人与自然和谐发展的社会主义生态文明建设新局面。推动长江经济带发展是以习近平同志为核心的党中央从国家发展全局和中华民族长远利益出发作出的重大战略决策。党的十八大以来，习近平总书记深刻阐释了推动长江经济带发展的"五个关系"，鲜明提出"共抓大保护、不搞大开发""生态优先、绿色发展"，为新时代推动长江经济带发展指明了前进方向、提供了根本遵循。四川省深入学习贯彻习近平总书记重要讲话精神，牢固树立"绿水青山就是金山银山"理念，以共抓大保护、不搞大开发为导向，坚定不移走生态优先、绿色发展新路子，切实筑牢长江上游生态屏障，奋力谱写美丽中国四川篇章。

推进美丽四川建设，不仅关乎巴山蜀水的秀美风光，更是支撑国家生态安全和长远发展的重要实践。四川是长江黄河上游重要水源地，也是连接青藏高原和"一带一路"的重要节点，在国家发展全局中具有举足轻重的地位，必须坚持将建设长江黄河上游生态屏障、维护国家生态安全放在生态文明建设的首要位置，科学解决好保护和发展的问题，用生态文明建设推动地方经济社会高质量发展，在保护中谋发展，在发展中促保护。用四川生态文明建设的成功实践，为国家高质量发展提供参考借鉴；做好生态系统碳汇，为国家碳达峰碳中和战略提供四川方案和减排支撑；坚定不移地推动经济社会全面绿色转型，大力推进绿色科技、绿色生产、绿色化工、清洁能源等转型升级，着眼世界前沿科技，用科技创新驱动绿色高质量发展，努力建设全国绿色发展先行示范区；以更高水平、更高标准推动科教兴国、人才强省战略，着力打造国内领先的生态文明建设和环保领域人才梯队，形成人才优势，确保相关领域可持续发展；要加强协调联动，发挥各自独特优势，做好省内区域分工、区域协作，解决各地区发展不平衡不充分的问题，探索出一条适合四川绿色发展的新路子，真正让绿水青山变为金山银山，惠及地方群众。

第二章 新时代美丽四川建设基础与趋势分析

2.1 建设基础

四川素有"天府之国"之美誉，资源禀赋优异，2020年地区生产总值4.86万亿元，"十三五"期间地区生产总值年均增长7%。创新动能加快释放，"四向拓展、全域开放"的立体全面开放态势更加巩固。充满活力的经济社会为美丽四川建设持续推进奠定了坚实的物质基础。

四川东连巴渝，西依青藏，南接云贵，北接甘陕，地跨青藏高原、横断山脉、云贵高原、秦巴山地、四川盆地等地貌单元，襟长江而带黄河，立贡嘎而持剑门，独特美丽的自然山水为美丽四川建设提供了良好的先天条件。自"十三五"以来，全省环境质量持续提升，为美丽四川建设奠定了良好的环境基础。

2.1.1 社会经济发展状况

四川简称川或蜀，位于中国西南部，地处长江上游，素有"天府之国"的美誉。全省面积48.6万平方公里，与重庆、贵州、云南、西藏、青海、甘肃和陕西等7省（区、市）接壤，有全国最大的彝族聚居区、第二大藏族聚居区和唯一的羌族聚居区。2021年末全省常住人口8372万人，其中少数民族人口568.8万人。

四川省下辖18个地级市，分别为成都市、绵阳市、内江市、南充市、乐山市、自贡市、泸州市、德阳市、广元市、遂宁市、眉山市、宜宾市、广安市、达州市、雅安市、巴中市、资阳市和攀枝花市；3个自治州，分别为凉山彝族自治州、甘孜藏族自治州和阿坝藏族羌族自治州。共55个市辖区，18个县级市，106个县，4个自治县。

四川省经济发展迈上新台阶，经济结构实现新调整，治蜀兴川呈现新局面。全省经济稳健运行，经济规模不断扩大，主要经济指标继续运行在合理区间。地区生产总值（GDP）由2015年的30035亿元增加至2021年53850.8亿元。其中，三次产业对经济增长的贡献率由2015年的5.0%、53.9%和41.1%调整为2021年的9.8%、33.0%和57.2%。人均地区生产总值由2015年37150元增长至2020年58126元。此外，地方一般公共预算收入增长7.7%，全社会固定资产投资增长10.1%，社会消费品零售总额增长10.4%，城镇居民人均可支配收入增长8.8%，农村居民人均可支配收入增长10%；贫困发生率降至0.3%。

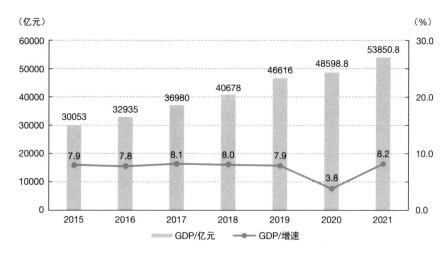

图2-1 四川省GDP及其增长率趋势图

工业结构持续优化，构建"5+1"现代产业体系的进程加快。其中，电子信息、装备制造、食品饮料、能源化工等的比重进一步增加，轻重工业比例稳定，但工业结构的总体格局变化尚不显著。三次产业结构由2015年的12.2∶44.1∶43.7调整为2021年的10.5∶37.0∶52.5，产业结构持续优化，但距沿海发达省份尚有一定差距。

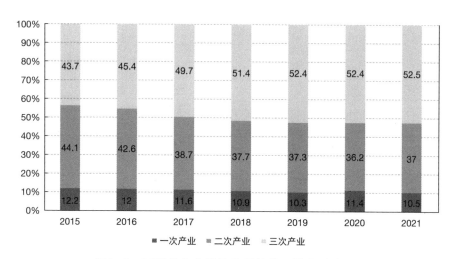

图2-2　四川省产业结构发展趋势及纵向对比图

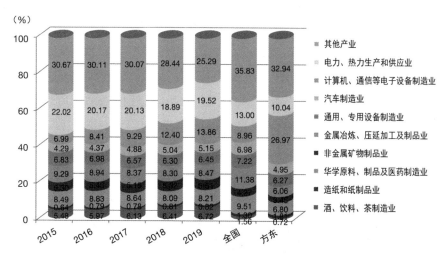

图2-3　四川省工业结构发展趋势及纵向对比图

产业体系完备。四川省是全国三大动力设备制造基地和四大电子信息产业基地之一。全年电子信息、装备制造、食品饮料、先进材料、能源化工等五大支柱产业营业收入4.9万亿元。数字经济核心产业增加值达4012亿元。已组建30余个智能制造、5G、区块链、工业互联网、超高清视频等产业联盟，1299家省级以上企业技术中心、78家省级以上技术创新示范企业。拥有176个认定重大技术装备首台套、新材料首批次、软件首版次产品，保费支持4.8亿元。核电装备、重型燃机、工业级无人机等产品研制跻身全国乃至世界前列。

历史文化悠久。先秦时为巴国、蜀国之地，北宋置川峡路，后分置益州、梓州、利州、夔州四路，总称四川路，始有四川之名。以三星堆、金沙遗址为代表的古蜀文明璀璨而神秘，有国家历史文化名城8个，全国重点文物保护单位262处，蜀锦、四川皮影戏等被列入联合国教科文组织非物质文化遗产名录项目。此外，四川为中国道教发源地之一，是全世界最早的纸币"交子"出现地，三国文化、红色文化、民族文化、宗教文化灿烂多姿。

科教实力雄厚。四川省是国家系统推进全面创新改革试验的八个区域之一，拥有中国（四川）自由贸易试验区、成都国家自主创新示范区、天府新区、绵阳科技城、攀西战略性资源创新开发试验区等多个重大区域创新平台。有各类学历教育学校2.47万所，其中普通高校134所，有国家级重点实验室16家，国家和省级工程技术研究中心265个，两院院士60人。

交通设施便利。全省铁路、高速公路总里程分别达5687公里、8608公里，成都双流国际机场旅客吞吐量超过5000万人次，成都天府国际机场加快建设，"四向八廊"战略性综合交通走廊逐步形成。正在加快建设"东向"成南达万高铁，连通长三角、京津冀；"南向"成自宜高铁，连通粤港澳大湾区、北部湾经济区；"西向"川藏铁路，连通青藏高原；"北向"成兰铁路，连接丝绸之路经济带。

旅游资源丰富。世界级旅游资源和品牌26个，九寨沟、黄龙、大熊猫栖息地是世界自然遗产，青城山—都江堰是世界文化遗产，峨眉山—乐山大佛是世界文化与自然遗产，有5A级旅游景区12家，国家级风景名胜区15处。

2.1.2 自然资源概况

四川省位于中国西南部，北邻青海、甘肃及陕西三省，南与云南、贵州省接壤，东临重庆市，西傍西藏自治区。地理位置介于东经97°21′~108°28′，北纬26°03′~34°19′之间，东西长1075公里，南北宽921公里，幅员面积48.6万平方公里。

气候复杂多样，地带性和垂直变化明显。季风气候明显，雨热同季；区域间差异显著。东部冬暖、春旱、夏热、秋雨、多云雾、少日照、生长季长，西部则寒冷、冬长、基本无夏、日照充足、降水集中、干雨季分明；气候垂直变化大，气候类型多；气象灾害种类多，发生频率高且范围大，主要有干旱，其次是暴雨、洪涝和低温等。全省年平均气温-1.5~20.3℃。年均降水量315.7~1732.4毫米，自东南向西北递减。年总日照时数为782~2692小时，以四川盆地、川西南山地、川西高山高原的顺序递增。2021年四川省平均气温15.6℃，较常年偏高0.7℃，年降水量1064.6毫米，较常年偏多12%，平均相对湿度比常年值偏大0.6%。

地势西高东低，高低悬殊；地貌复杂，以山地为主；土壤类型丰富，区域差异显著。四川地处我国地形第一阶梯向第二阶梯的过渡地带，地跨青藏高原、横断山脉、云贵高原、秦巴山地、四川盆地等几大地貌单元，由西北向东南倾斜。四川省地貌复杂，以山地为主要特色，具有山地、丘陵、平原和高原4种地貌类型，分别占全省面积的74.2%、10.3%、8.2%、7.3%。四川土壤类型有25个土类、66个亚类、137个土属、380个土种，区域分布特征十分明显。东部盆地丘陵为紫色土区域，东部盆周山地为黄壤区域，川西南山地河谷为红壤区域，川西北高山属森林土区域，川西北高原为草甸土区域。全省的土地利用类型共分8个一级利用类型（见表2-1）、45个二级利用类型和62个三级利用类型。除橡胶园以外，其他省的一、二级土地利用类型四川省都有，在全国极富代表性。

表2-1　四川省土地资源利用现状

土地利用类型	辖区	耕地	园地	林地	草地	城镇村及工矿用地	交通运输用地	水域及水利设施用地	其他用地
面积：万公顷	4861.16	673.07	72.76	2214.89	1221.13	157.15	36.28	103.74	383.14
比例（%）	100	13.85	1.50	45.56	25.12	3.23	0.75	2.13	7.86

植物种类繁多，植物多样性丰富。四川是我国植被类型最丰富的省区之一，针叶林类型之多为全国之冠，其面积占全国针叶林面积的9.1%。受地貌、气候和土壤等因素的综合作用，不少植被类型的地理分布范围广，垂直幅度大。从东南向西北可划分为四川盆地及川西南山地常绿阔叶林地带、川西高山峡谷亚高山针叶林地带和川西北高原灌丛、草甸地带。四川自然植被基本类型主要有森林（针叶林、阔叶林）、灌木林（灌丛）、竹林、稀树草丛、草地（草甸）、沼泽和流石滩植被。

水资源丰富，且以河川径流为主，号称"千河之省"，但时空分布不均。全省多年平均降水量约为4889.75亿立方米。河境内共有大小河流近1400条，全省水资源总量为3489.7亿立方米，地下水资源量约546.9亿立方米，可开采量为115亿立方米。境内遍布湖泊冰川，有湖泊1000余个、冰川200余条，在川西北和川西南分布有一定面积的沼泽；湖泊总蓄水量约15亿立方米，加上沼泽蓄水量，共约35亿立方米。虽然四川省水资源总量丰富，但时空分布不均，形成区域性缺水和季节性缺水；水资源以河川径流最为丰富，但径流量的季节分布不均，大多集中在6~10月，洪旱灾害时有发生；河道迂回曲折，利于农业灌溉；天然水质良好，但部分地区有污染。

动植物资源较丰富，省内有多种独特的珍稀动植物物种分布。四川是全球生物多样性保护热点地区之一，是我国重要的物种基因库，特有、孑遗物种丰富。有高等植物近万种，占全国总数的33%，居全国第2位。全省有脊椎动物近1300种，约占全国总数的45%以上，兽类和鸟类约占全国的53%，其中兽类217种、鸟类625种、爬行类84种、两栖类90种、鱼类230

种。国家重点保护野生动物145种，占全国的39.6%，居全国第一位。据第四次全国大熊猫调查，四川省野生大熊猫种群数量达1387只，占全国野生大熊猫总数的74.4%，其种群数量居全国第一位。全省动物中可供经济利用的种类占50%以上，其中，毛皮、革、羽用动物200余种，药用动物340余种。雉科鸟类20种，占全国雉科金鸟类总数的40%，素有雉类的乐园之称，其中有许多珍稀濒危雉类，如国家一类保护动物雉鹑、四川山鹧鹑和绿尾虹雉等。

矿产资源总量丰富，但人均占有量低；大型矿床分布集中，区域特色明显；部分重要矿产以贫矿和低品质矿为主。四川地质构造复杂，成矿条件有利，矿产资源丰富，矿产种类比较齐全，已发现矿产132种，占全国总数的69.52%。全省具有查明资源储量的矿种82种，有30种矿产排位进入全国同类矿产查明资源储量的前三位。作为四川优势矿产的天然气、钒、钛、锂、轻稀土、硫铁矿、芒硝、岩盐等16种矿产在全国查明资源储量中排第一位。钛和钒的储量分居世界第一和第三位。四川省矿产资源总量丰富，但人均占有量低于全国平均水平；大型或特大型矿床分布集中，区域特色明显，有利于形成综合性的矿物原料基地；部分重要矿产以贫矿和低品质矿为主，富矿不足。除铅、锌、镉、银、岩盐、钙芒硝等品位稍高外，其他矿产多为中、贫矿；四是矿床的共生、伴生矿多。

2.1.3 生态环境保护现状

"十三五"以来，四川省大气环境质量不断改善。2021年底全省优良天数比例为89.5%，比2015年提高9个百分点，重点城市优良天数率达86.2%；浓度控制成效明显，2021年全省细颗粒物平均浓度为31.8微克每立方米，比2015年（47.5微克每立方米）下降33%；2021年全省二氧化硫浓度8微克每立方米，同比2015年下降50.0%；达标城市已达到13个，较2015年增加了8个。主要大气污染物排放量大幅减少，据初步测算，2020年二氧化硫、氮氧化物排放量同比2015年分别下降26.4%和19.7%。

表2-2 2015-2020年度优良天数比率统计表

年度	2015	2016	2017	2018	2019	2020	2021
优良天数比率（%）	80.5	78.8	82.2	88.4	89.1	90.8	89.5

地表水环境质量明显改善，国省控断面达标率不断上升。2021年底，全省203个国考断面中水质优良断面数195个，占比96.1%；无Ⅴ类、劣Ⅴ类断面，同比2015年下降13.9个百分点。四川省五大流域水质均明显改善，干流水质均已达标，污染主要集中在岷沱江部分支流。地表水污染因子种类和浓度均逐年下降，超标因子由总磷、氨氮、化学需氧量的复合型污染，逐步变为以总磷污染为主。

集中式饮用水源保护区优化划定工作稳步进行。截至2020年底，全省城乡集中式饮用水水源2735个，饮用水水源保护区划定率100%；饮用水水源保护区建设逐步规范，标志标牌规范设置率98.2%，一级保护区隔离设施完成率91.2%；饮用水水源水质状况逐步改善，全省18个城市水源地水质、水量达标率均保持为100%，地级、县级、乡镇级饮用水水源地水质达标率分别达100%、100%、94.1%。

农业污染防治不断加强，农村人居环境整治取得阶段性成果。截至2020年底，全省秸秆综合利用率为91%，废旧农膜回收利用率为80.2%，主要产粮大县、果菜茶主产区农药包装废弃物回收率为57.26%，畜禽粪污资源化利用率达到75%以上，水产标准化健康养殖示范比重为69.12%，农用化肥使用量均连续三年实现负增长。全省农村无害化厕所普及率为94%，58.4%的行政村农村生活污水得到有效治理，乡镇集中式饮用水水源地保护区划定率达95.5%，行政村生活垃圾得到有效治理，"十三五"以来四川省已完成7565个行政村农村环境综合整治工作目标任务，创建了1.6万个"美丽四川·宜居乡村"达标村。

土壤环境底数逐步摸清，土壤污染治理不断加强。全面完成全省农用地土壤污染状况详查和重点行业企业用地调查，基本查明土壤主要污染物及分布情况。土壤风险管控持续深化，污染源头预防不断强化，印发出台

《四川省土壤污染重点监管单位名单》《四川省加强涉重金属行业污染防控工作方案》《关于严格控制有毒有害物质排放防范土壤污染的通知》等一系列文件。设立3个省级土壤环境风险管控试点区、8个省级土壤污染综合防治先行区，完成6个国家土壤污染治理修复技术应用试点项目，有序推进试点示范区建设。

固废领域环境管理制度与防治体制不断完善。积极推动工业固废综合利用，攀枝花市、德阳市、凉山州入选为国家工业资源综合利用示范基地，32家（园区、企业）入选省级工业资源综合利用基地。大力提升危险废物集中处置能力，新增危险废物综合经营单位13家，全省危险废物利用处置能力达366万吨/年；开展全省废铅蓄电池收集转运试点工作，核准收集经营规模39.7万吨/年；新增医疗废物集中处置能力3.92万吨/年，医疗废物集中处置能力达14.7万吨/年。积极推进生活垃圾分类与收运处置，编制《四川省生活垃圾中有害垃圾规范处理指导意见》，开展有害垃圾分类投放处理试点工作。

生态屏障建设持续推进，"绿水青山"本底不断夯实。基本形成较完整的生态保护与建设体系，局部区域生态环境得到改善，长江黄河上游生态屏障建设成效明显，重要生态系统保护取得进展；持续开展大规模绿化全川行动，全省森林覆盖率由2015年36.02%提升至2021年40.2%，森林生态系统功能进一步提升。加快推进荒漠化治理，实施中重度沙化土地治理和成果巩固160万亩，荒漠化恶化趋势得到初步遏制。完成水土流失综合治理面积2.46平方公里，水土保持率达77.7%以上。加强生态保护监测能力建设，率先开展国家级自然保护地人类活动本底遥感监测与疑似问题清单编制工作。加大生物多样性保护工作力度，编制完成《四川省生物多样性优先区域保护规划》。生态文明示范创建西部领先，截至2021年底，共建成国家生态文明建设示范县22个、"绿水青山就是金山银山"实践创新基地6个、命名省级生态县14个。

2.2 趋势预测

趋势预测主要分为社会经济发展预测和生态环境保护预测，通过对四川省宏观战略以及政策把控，以近五年的相关数据为基础，预测出2025年、2035年四川省经济和生态环境的情况。其中社会经济发展预测主要是根据四川省社会经济发展过程的历史和现状，通过时间数列法、情景分析法、专家调查法等定量与定性结合的方式，得出预测结果；生态环境保护预测主要是根据收集"十三五"期间四川省大气、水、生态等要素的基础现状值，运用CMAQ等模型，采取情境分析方法、数值模拟方法、RRF预测方法等，得出预测结果。以上预测仅考虑到模拟情境下的指标变化情况，没有考虑国内外经济形势、通货膨胀、人口就业、疫情等对经济的影响以及周边区域的大气、水等污染物减排影响。

2.2.1 社会经济发展预测

2020—2035年，四川省发展空间格局将更加优化。全省五大经济区、四大城市群区域发展空间布局基本形成，重要流域成为全省生态优先、绿色发展先行区。城乡建设空间体系更加平衡适宜，生活空间和生态用地明显增加，生产空间、生活空间、生态空间优化提升。

四川省2020年地区生产总值（GDP）48598.8亿元，高增长情景预计2025年GDP达到68000亿元，2030年达到93200亿元，2035年达到124700亿元；低增长情景预计2025年GDP达到66800亿元，2030年达到89380亿元，2035年达到116800亿元。

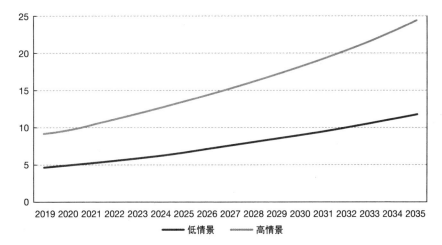

图2-4　四川省经济增长预测图

2.2.2 生态环境保护预测

预计到2025年，四川省绿色发展方式得到进一步加强，主要污染物排放总量进一步减少，环境风险得到进一步管控，生态环境质量持续改善，生态系统服务功能持续增强，生态环境治理体系与治理能力现代化水平更上台阶，基本建成内陆绿色发展"前沿地"、长江—黄河上游绿色生态屏障、生态文明建设西部示范区。到2035年，生态环境质量根本改善，生态系统状况根本好转，生态安全屏障体系基本建成，生态环境治理体系与治理能力现代化水平进入全国前列，"蜀山常现、清水常流、绿入城中、沃野千里"的"美丽四川"画卷基本绘就。

全省21个市（州）政府所在地城市的二氧化硫（SO_2）年均浓度呈现下降趋势，2016—2020年SO_2年均浓度分别为17、14、12、9、8微克/立方米。预计到2025年，四川省SO_2年均浓度达到5微克/立方米；到2035年，四川省SO_2年均浓度下降至3微克/立方米。

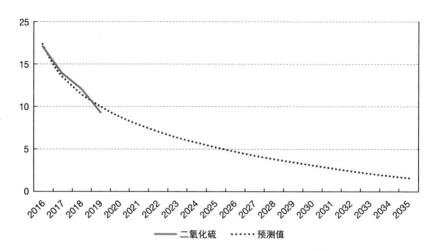

图2-5 四川省二氧化硫（SO₂）年均浓度趋势图（微克/立方米）

从2017年之后，全省21个市（州）政府所在地城市的二氧化氮（NO₂）年均浓度呈现下降趋势，2016—2020年NO₂年均浓度分别为30、31、30、28、25微克/立方米。预计到2025年，四川省NO₂年均浓度达到24微克/立方米；到2035年，四川省NO₂年均浓度下降至17微克/立方米。

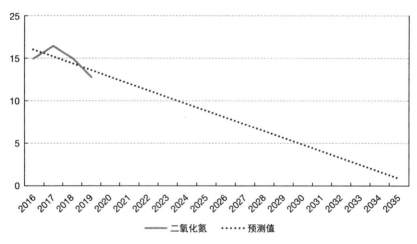

图2-6 四川省二氧化氮（NO₂）年均浓度趋势图（微克/立方米）

全省21个市（州）政府所在地城市的可吸入颗粒物（PM₁₀）年均浓度呈现下降趋势，2016—2020年PM₁₀年均浓度分别为75、68、63、53、49微克/立方米。预计到2025年，四川省PM$_{10}$年均浓度达到46微克/立方米；到2035年，四川省PM$_{10}$年均浓度达到41微克/立方米。

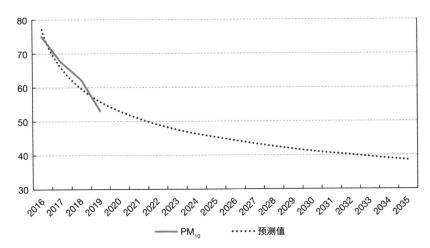

图2-7 四川省可吸入颗粒物（PM$_{10}$）年均浓度趋势图（微克/立方米）

全省21个市（州）政府所在地城市的可吸入颗粒物（PM$_{2.5}$）年均浓度呈现下降趋势，2016—2020年的PM$_{2.5}$年均浓度分别为47、42、39、34、31微克/立方米。预计到2025年，四川省PM$_{2.5}$达到29微克/立方米；到2035年，四川省PM$_{2.5}$达到28微克/立方米。

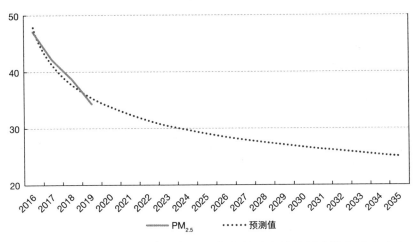

图2-8 四川省可吸入颗粒物（PM$_{2.5}$）年均浓度趋势图（微克/立方米）

全省21个市（州）政府所在地城市的一氧化碳（CO）日均值第95百分位浓度呈现下降趋势，2016—2020年的CO日均值第95百分位浓度分别为1.5、1.4、1.3、1.1、1.1微克/立方米。预计到2025年，四川省CO浓度达到0.9微克/立方米；到2035年，四川省CO浓度达到0.8微克/立方米。

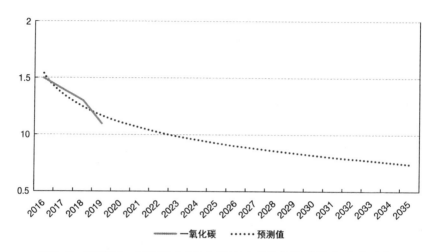

图2-9　四川省一氧化碳（CO）年均浓度趋势图（微克/立方米）

2016—2018年，四川省21个市（州）政府所在地城市的臭氧（O₃）最大8小时第90百分位浓度2018年前逐年增长，分别为132、141、145微克/立方米。2019、2020年O₃浓度出现下降，其最大8小时第90百分位浓度分别为134、135微克/立方米。预计到2025年，四川省O₃最大8小时第90百分位浓度达到120微克/立方米；到2035年，四川省O₃浓度达到100微克/立方米。

四川省六大水系包括长江干流（四川段）、黄河干流（四川段）、金沙江、嘉陵江、岷江和沱江水系。2016年，Ⅰ类、Ⅱ类、Ⅲ类、Ⅳ类、Ⅴ类和劣Ⅴ类水的比例分别为5.40%、38.80%、19.00%、18.40%、7.50%和10.90%。2019年，四川省消除劣Ⅴ类水，Ⅰ类、Ⅱ类、Ⅲ类、Ⅳ类、Ⅴ类水的比例分别为6.60%、47.40%、36.80%、6.60%和2.60%。预计到2025年，消除Ⅴ类水，Ⅰ类、Ⅱ类、Ⅲ类、Ⅳ类的比例分别为10%、52%、35%、3%；预计到2035年，消除Ⅳ类水，Ⅰ类、Ⅱ类、Ⅲ类比例分别为15%、60%和25%。

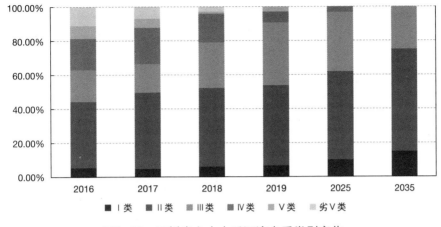

图2-10 四川省六大水系河流水质类别变化

全省21个市（州）生态环境逐年上升。2016—2019年，生态环境状况指数（EI）的分别为69.8、70、71.6、71.9。预计到2025年，四川省EI指数达到73.5；到2035年，四川省EI指数达到74.5。

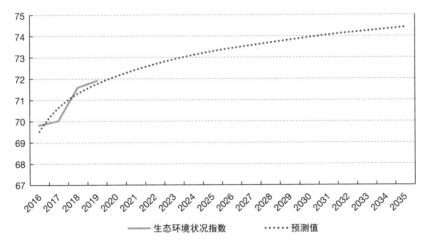

图2-11 四川省生态环境状况指数（EI）趋势图

第三章 美丽四川建设对标评估

　　我国围绕建设美丽中国出台了一系列政策和措施，对于实现自然资源可持续利用和生态环境保护具有重要意义。本章首先选取了与美丽中国建设密切相关的三个评价指标体系为对标依据，包括《美丽中国建设评估指标体系及实施方案》《国家生态文明建设示范区建设指标》以及《绿水青山就是金山银山"两山指数"评估指标体系》，从中选取了与生态环境质量、社会经济、体制机制、生态制度等各维度指标作为对标评估指标。同时，考虑到各省的实践进展，从美丽中国建设的先进省份中选取浙江、福建、安徽、江苏、云南以及贵州等作为对标评估省份，将四川省与这些省份进行对标分析。最后，本章还将四川省在经济发展和生态环境建设过程中的部分重要指标与美国、荷兰、德国、日本、韩国以及巴西等国进行对比分析，以期更好地推动美丽四川建设，为制定相关政策提供有效依据。

3.1 对标美丽中国评估指标

为贯彻落实习近平新时代中国特色社会主义思想，推动实现党的十九大提出的美丽中国目标，发挥评估工作对美丽中国建设的引导推动作用，2020年国家发改委印发的《美丽中国建设评估指标体系及实施方案》确定了空气质量、水体质量、土壤安全、生态状况及人居环境五类指标作为美丽中国建设的评估标准（见表3-1）。本节根据这五类指标的评估标准，受限于数据的可获得性，仅对部分指标进行了对标分析。

表3-1　美丽中国建设评估指标体系

评估指标	序号	具体指标（单位）	数据来源
空气质量	1	地级及以上城市细颗粒物（PM$_{2.5}$）浓度（微克/立方米）	生态环境部
	2	地级及以上城市可吸入颗粒物（PM$_{10}$）浓度（微克/立方米）	
	3	地级及以上城市空气质量优良天数比例（%）	
水体质量	4	地表水水质优良（达到或好于III类）比例（%）	生态环境部
	5	地表水劣V类水体比例（%）	
	6	地级及以上城市集中式饮用水水源地水质达标率（%）	
土壤安全	7	受污染耕地安全利用率（%）	农业农村部、生态环境部
	8	污染地块安全利用率（%）	生态环境部、自然资源部
	9	农膜回收率（%）	农业农村部
	10	化肥利用率（%）	
	11	农药利用率（%）	
生态状况	12	森林覆盖率（%）	国家林草局、自然资源部
	13	湿地保护率（%）	
	14	水土保持率（%）	水利部
	15	自然保护地面积占陆域国土面积比例（%）	国家林草局、自然资源部

评估指标	序号	具体指标（单位）	数据来源
生态状况	16	重点生物物种数保护率（%）	生态环境部
人居环境	17	城镇生活污水集中收集率（%）	住房城乡建设部
	18	城镇生活垃圾无害化处理率（%）	
	19	农村生活污水处理和综合利用率（%）	生态环境部
	20	农村生活垃圾无害化处理率（%）	住房城乡建设部
	21	城市公园绿地500米服务半径覆盖率（%）	
	22	农村卫生厕所普及率（%）	农业农村部

3.1.1 空气质量

在空气质量方面，四川省地级及以上城市细颗粒物（$PM_{2.5}$）浓度为31微克/立方米，地级及以上城市可吸入颗粒物（PM_{10}）浓度为49微克/立方米，地级及以上城市空气质量优良天数比例，与贵州省、云南省、浙江省及福建省相比，$PM_{2.5}$和PM_{10}浓度较高，空气质量优良天数比例较低；但四川省的空气质量各项指标比安徽省、江苏省更为理想。

表3-2　四川及其他省份的空气质量比较

	地级及以上城市细颗粒物（$PM_{2.5}$）浓度（微克/立方米）	地级及以上城市可吸入颗粒物（PM_{10}）浓度（微克/立方米）	地级及以上城市空气质量优良天数比例
四川省	31	49	90.80%
浙江省	24	42	98.3%
福建省	21	39	99.2%
安徽省	39	-	82.9%
江苏省	38	59	82.9%
云南省	22	38	98.8%
贵州省	22	33	99.4%

注：数据来源于四川省生态环境厅、《浙江省生态环境状况公报》《福建省生态状况环境公报》《安徽省生态状况环境公报》《江苏省生态状况环境公报》《云南省生态状况环境公报》《贵州省生态状况环境公报》，下同。

3.1.2 水体质量

在水体质量方面，四川省的地表水水质优良达95.4%，地表水劣 V 类水体比例降至0，地级及以上城市集中式饮用水水源地水质达标率为100%，水体质量优良。四川的地表水水质优良比例高于浙江、安徽、江苏等省，略低于福建、云南、贵州等省，地表水优良比例在各省中处于领先水平。

表3-3 四川及其他省份的水体质量比较

	地表水水质优良（达到或好于Ⅲ类）比例（%）	地表水劣Ⅴ类水体比例（%）	地级及以上城市集中式饮用水水源地水质达标率（%）
四川省	95.40%	0%	100%
浙江省	91.4%	0.9%	100%
福建省	96.5%	0.7%	100%
安徽省	76.3%	0%	98.5%
江苏省	87.5%	1.3%	99.1%
云南省	97.9%	0%	100%
贵州省	99.3%	0%	100%

3.1.3 土壤安全

四川省的农膜回收率约为80%，比江苏省（82.3%）、云南省（82%）稍低，化肥施用总量为222.77万吨。

表3-4 四川省及其他省农膜回收率与化肥施用总量

	农膜回收率	化肥施用总量（万吨）
四川省	80%	222.77
浙江省	-	-
福建省	-	-
安徽省	-	298

	农膜回收率	化肥施用总量（万吨）
江苏省	82.3%	-
云南省	82%	-
贵州省	-	-

3.1.4 生态状况

四川省的森林覆盖率为40.03%，与福建省（66.80%）、云南省（62.4%）、浙江省（61.15%）和贵州省（60%）相比，森林覆盖率依然有待提高，但明显高于安徽省（28.65%）和江苏省（25.56%）。在湿地保护方面，四川的湿地保护率（56%）与浙江省（75.73%）仍有较大差距，略高于安徽省（50.02%）和贵州省（49.65%）。

表3-5 四川及其他省份的生态状况比较

	森林覆盖率	湿地保护率
四川省	40.03%	56%
浙江省	61.15%	75.73%
福建省	66.80%	-
安徽省	28.65%	50.02%
江苏省	25.56%	-
云南省	62.4%	-
贵州省	60%	49.65%

3.1.5 人居环境

目前四川省的城镇生活污水集中收集率为91.71%，城镇生活垃圾无害化处理率达99.9%，人居环境卫生整洁，与其他省份比较属于优良水平。

表3-6 四川及其他省份的人居环境比较

	城镇生活污水集中收集率	城镇生活垃圾无害化处理率
四川省	91.71%	99.90%
浙江省	72.97%	100%
福建省	-	99.77%
安徽省	-	100%
江苏省	97%	99%
云南省	95.45%	99.65%
贵州省	-	93.5%

3.2 对标国家生态文明建设示范区指标

"国家生态文明建设示范区"是生态环境部为贯彻落实党中央、国务院关于加快推进生态文明建设的决策部署，鼓励和指导各地以国家生态文明建设示范区为载体，以市、县为重点，全面践行"绿水青山就是金山银山"理念，积极推进绿色发展，不断提升区域生态文明建设水平。具体来看，生态文明试点县建设指标共包含生态制度、生态安全、生态空间、生态生活等4个系统，共29项指标。根据这个指标体系，本部分从生态制度、生态安全、生态空间、生态生活等4个方面进行对标。

3.2.1 生态制度

生态文明建设、河长制、生态环境信息公开情况、依法开展规划环境影响评价、生态价值总值（GEP）和生态保护补偿等制度政策在各省建设美丽中国当中密切相关。其中，生态文明建设制度是推进美丽中国建设根本保障；河长制是解决中国复杂水问题、维护河湖健康生命的有效举措，是完善水治理体系、保障国家水安全的制度创新；生态环境信息公开制度有利于生态环境质量的进一步改善，依法开展规划环境影响评价制度也发挥着控制各省在发展过程中对环境影响的保障作用；生态产品价值实现是破解保护和发展矛盾的一条有效路径，GEP以生态产品为核算对象，为将生态财富纳入国民财富核算体系开启了新思路，并能助力绿色发展绩效考核落地生效；生态保护补偿制度作为生态文明制度的重要组成部分，是落实生态保护权责、调动各方参与生态保护积极性、推进生态文明建设的重要手段。因此，本部分选取生态文明建设、河长制、生态环境信息公开情况、依法开展规划环境影响评价、GEP和生态保护补偿这六个制度进行对标评估。

在生态文明建设方面，四川省于2016年发布《四川省加快推进生态文明建设实施方案》，福建、贵州、重庆等也发布了相应的条例或管理规程等，但是四川相较浙江还有一定差距。四川的河长制建设，生态环境信息公开情况良好。在依法开展规划环境影响评价方面，四川省人民政府发布文件，相较福建、安徽由生态环境厅发布，四川的开展落实程度更优。在GEP方面，四川省于2021年发布了《崇州市2020年生态系统生产总值核算报告》，其他各省都在积极探索如何建立健全生态产品价值实现机制的实现。在生态保护补偿方面，四川省于2016年印发了《四川省人民政府办公厅关于健全生态保护补偿机制的实施意见》，并逐步推进生态保护补偿的相关工作，但四川相较浙江发展得比较晚，还存在一定差距。

表3-7 省层面"生态制度"的对标评估

	生态文明建设	河长制	生态环境信息公开情况	依法开展规划环境影响评价	GEP	生态保护补偿
四川省	2016年4月1日，四川省人民政府网发布《四川省加快推进生态文明建设实施方案》。该《方案》分总体要求、加快构建绿色产业体系、推动建立资源节约集约利用体系、积极构建生态环境安全体系、努力健全生态文明制度体系、加强基础能力建设、切实加强组织实施9部分31条。	四川省贯彻落实《关于全面推行河长制的意见》实施方案。	四川省生态环境厅政府信息公开指南http://sthjt.sc.gov.cn/sthjt/c100528/zfxxgk_xxgkzn.shtml。	《四川省人民政府关于进一步加强规划环境影响评价的意见》。	2021年5月31日，成都崇州市《崇州市2020年生态系统生产总值核算报告》出炉。2021年11月，四川省发展改革委同意大邑县等14个地区开展生态产品价值实现机制试点工作的通知》。	2016年，四川省人民政府办公厅印发《四川省生态保护红线实施意见》，划定13处生态保护红线区块。2017年省政府批准建立四川省生态保护补偿工作联席会议制度；印发实施《四川省重点生态功能区产业准入负面清单》，统筹全省确保按照生态主体功能定位谋划发展。2019年，四川省政府印发生态保护补偿奖励政策》。2020年，积极配合国家开展生态保护红线综合补偿试点，推动我省红原县、若尔盖县、汶川县、白玉县、色达县等5县纳入全国生态综合补偿试点县名单。

续表3-7

	生态文明建设	河长制	生态环境信息公开情况	依法开展规划环境影响评价	GEP	生态保护补偿
浙江省	2020年8月15日，"绿水青山就是金山银山"理念提出15周年之际，全省高水平建设新时代美丽浙江推进大会在安吉县余村召开，会上发布《深化生态文明示范创建高水平建设新时代美丽浙江规划纲要（2020—2035年）》。生态环境部与浙江省签订全国首个省部共建生态文明建设先行示范省战略合作协议。	《浙江省河长制规定》于2017年7月28日经浙江省第十二届人大常务委员会第四十三次会议审议通过并公布，自2017年10月1日起施行。	浙江省生态环境厅政府信息公开指南http://sthjt.zj.gov.cn/col/col1229116546/index.html。	《浙江省人民政府关于全面推进规划环境影响评价工作的意见》。	2022年3月，浙江省出台《关于建立健全生态产品价值实现机制的实施意见》。	2005年8月，浙江省政府下发了《关于进一步完善生态补偿机制的若干意见》。2017年，浙江省人民政府办公厅印发《关于建立健全绿色发展财政奖补机制的若干意见》，2020年印发《关于实施新一轮生态绿色发展财政奖补机制的若干意见》，不断完善生态补偿制度。
福建省	《福建省生态文明建设促进条例》旨在深入实施生态省战略和促进生态文明建设，满足人民日益增长的优美生态环境需要及实现经济社会文化生态全面协调的可持续发展。《条例》由福建省第十三届人大常务委员会第六次会议于2018年9月30日通过并公布，共九章七十五条，自2018年11月1日起施行。	《福建省河长制规定》已经2019年9月4日省人民政府第37次常务会议通过，现予公布，自2019年11月1日起施行。	福建省生态环境厅政府信息公开指南http://sthjt.fujian.gov.cn/zwgk/zfxxgkzl/zfxxgkzn/。	2019年10月15日，福建省生态环境厅关于印发《进一步加强规划环境影响评价协同发展区高质量发展指导意见（试行）》。	2022年3月30日，福建省发改委印发《关于建立健全生态产品价值实现机制的实施方案》。	2016年，12月12日人民政府办公厅发布《福建省人民政府关于健全生态保护补偿机制的实施意见》。2018年3月14日，福建省人民政府办公厅印发《福建省综合性生态保护补偿试行办法》。2018年7月《福建省生态公益林条例》经第十三届人大四次会议表决通过，将于11月1日起施行。根据《条例》相关规定，森林生态效益补偿标准应逐步提高，生态公益林省级保护。

36

	生态文明建设	河长制	生态环境信息公开情况	依法开展规划环境影响评价	GEP	生态保护补偿
贵州省	《贵州省生态文明建设促进条例》旨在促进生态文明建设和推进经济社会绿色发展、循环发展、低碳发展，保障人与自然和谐共存及维护生态安全。《条例》于2014年5月17日贵州省第十二届人大常务委员会第九次会议通过，自2014年7月1日起施行。2018年11月29日贵州省第十三届人大常务委员会第七次会议修正。	2017年3月30日，省委办公厅、省政府办公厅印发《贵州省全面推行河长制总体工作方案》，在全省全面推进建立健全河湖管理保护机制。	贵州省生态环境厅政府信息公开指南http://stbj.guizhou.gov.cn/zwgk/zfxxgk1/xxgkzn_5619736/。	2010年11月1日《贵州省建设项目环境影响评价文件分级审批规定》，2021年3月18日贵州省"十四五"工业发展规划环境影响评价第二次公示。	2018年4月，贵州省发展改革委与美国大自然保护协会签署《战略合作框架协议》。2020年6月5日，贵州省发展改革委确定5个县市为全省实现生态产品价值实现机制试点县市的通知。	2017年2月22日，贵州省政府办公厅下发《关于健全生态保护补偿机制的实施意见》。2020年12月24日，省人民政府办公厅印发《贵州省赤水河等流域生态保护补偿办法》。
安徽省	2017年10月9日，安徽省环境保护厅印发《安徽省生态文明建设示范区管理规程（试行）》《安徽省生态文明建设示范市县指标（试行）》。	《安徽省全面推行河长制工作方案》。	安徽省生态环境厅政府信息公开指南https://sthjt.ah.gov.cn/public/index.html。	2019年10月10日安徽省生态环境厅发布《安徽省建设项目环境影响评价文件审批权限的规定（2019年本）》。	2022年6月17日，安徽省池江市主任何春带队赴黄山市开展生态产品价值实现试点调研。2021年12月30日，安徽省自然资源厅印发《生态产品价值实现案例汇编》。	2016年7月22日，安徽省政府办公厅正式印发了《关于健全生态保护补偿机制的实施意见》（皖政办〔2016〕37号）。2017年12月30日，安徽省《安徽省地表水断面生态补偿办法》。2018年7月20日，安徽省人民政府办公厅印发《生态环境质量生态补偿暂行办法》。2019年9月11日，安徽省政府办公厅印发《关于进一步推进做实新安江流域生态补偿机制的实施意见》。

3.2.2 生态安全

四川省生态安全状况良好，其中水环境质量、生态环境状况指数处于全国前列；生态环境质量改善在全国处于中等偏上的水平。生态环境保护隶属优秀行列。

四川省同表3-8列表省份一样，贯彻落实了河长制，在目标责任体系与制度建设方面表现良好。在生态环境质量改善方面，四川省环境空气质量改善处于全国中游水平，水质量改善位于全国前列。在环境空气质量改善方面，四川省优良天数率为90.80%，低于贵州省（99.2%）、云南省（98.8%）、福建省（98.3%）和浙江省（93.3%），高于安徽省（82.9%）、江苏省（81%），为全国中等水平；四川省的PM$_{2.5}$下降幅度为8.80%，仅高于列表省份中的贵州省（8.33%）。在水质量改善方面，四川省的水质达到或优于Ⅲ类比例提高幅度为8%，高于列表所有省份，在全国处于前列；四川省的劣Ⅴ类水体比例下降幅度为1.15%，仅低于列表省份中的安徽省（1.9%），在全国处于前列；四川省的黑臭水体消除率为100%，其他省份均为100%。

表3-8　省层面"生态安全"对标评估

	优良天数率	PM$_{2.5}$浓度下降幅度	水质达到或优于Ⅲ类比例提高幅度	劣Ⅴ类水体比例下降幅度	黑臭水体消除率
四川省	90.8%	8.80%	8%	1.15%	100%
浙江省	93.3%	16.2%	4.1%	0.5%	100%
福建省	98.3%	11.4%	1.4%	0	100%
安徽省	82.9%	20.5%	3.5%	1.9%	100%
江苏省	81%	11.6%	6.7%	0	100%
云南省	98.8%	-	1.9%	-	100%
贵州省	99.2%	8.33%	1.3%	0.7%	100%

3.2.3 生态空间

生态空间维度分为空间格局优化和产业循环发展两方面。在空间格局优化方面，四川省的生态保护红线面积比例为40.60%，高于浙江省（26.25%）、安徽省（15.15%）、江苏省（13.14%）、云南省（30.90%）和贵州省（26.06%）；四川省自然保护区面积为305.08万公顷，高于浙江省（14.9万公顷）、福建省（22.7万公顷）、安徽省（14.7万公顷）、江苏省（30万公顷）、云南省（151万公顷）和贵州省（29.1万公顷）。四川省碳排放强度下降幅度为25.9%，高于福建省（20%）、江苏省（18.2%）和浙江省（13.99%）。在产业循环发展方面，四川省的秸秆综合利用率为91%，低于浙江省（95%），高于安徽省（91.7%）和江苏省（92%）；四川省的畜禽粪污综合利用率为75%，低于福建省（91.5%）、江苏省（83%）和安徽省（78.6%），与云南省（75%）相同；四川省的一般工业固体废物综合利用率为37.29%，低于江苏省（98.63%）、浙江省（93.80%）、安徽省（88.10%）、福建省（63.12%）和云南省（51.50%）。

	生态保护红线面积比例	自然保护区面积（2019年，单位：万公顷）	碳排放强度下降幅度	秸秆综合利用率	畜禽粪污综合利用率	一般工业固体废物综合利用率
四川省	40.60%	305.8	25.9%	91%	75%	37.29%
浙江省	26.25%	14.9	13.99%	95%	-	93.80%
福建省	-	22.7	20%	-	91.5%	63.12%
安徽省	15.15%	14.7	-	91.7%	78.6%	88.10%
江苏省	13.14%	30	18.2%	92%	83%	98.63%
云南省	30.90%	151.0	-	-	75%	51.50%
贵州省	26.06%	29.1	-	-	-	-

注：福建省均为 2018 年数据。碳排放强度下降幅度均较 2015 年（十三五开始）。一般工业固体废物综合利用率各省均为 2018 年数据，浙江 2019 年。畜禽粪污综合利用率安徽为 2019 年数据，江苏力争在 2019 年底达 83%。

3.2.4 生态生活

生态生活分为人居环境改善和生活方式绿色化两个方面。在人居环境改善方面，四川省的集中式饮用水源地水质优良比例为100%，与浙江省、福建省、安徽省、贵州省相同，高于江苏省（99.7%）和云南省（98.9%）；四川省的城镇污水处理率为91.71%，低于浙江省（98.64%）、云南省（95.45%）、贵州省（95.20%）、江苏省（94.47%）和福建省（92.3%）；四川省的城镇生活垃圾无害化处理率为99.90%，低于浙江省（100%）、安徽省（100%）、江苏省（100%）和福建省（99.95%），高于云南省（99.77%）和贵州省（96.59%）；四川省的城镇人均公园绿地面积为14.03，低于福建省（15.05）、江苏省（15.00）和安徽省（14.80），和浙江省（14.03）相同；四川省的农村无害化卫生厕所普及率为86%，低于浙江省（98.55%）和江苏省（95%），高于安徽省（58.6%）、贵州省（48%）、云南省（45.6%）、福建省（45.3%）。在生活方式绿色化方面，四川省的城镇新建绿色建筑比例为49%，低于浙江省（92.6%）、福建省（80%）、安徽省（60%）、云南省（50%）和贵州省（50%）；四川省的城市公交新增和更新车辆中新能源车辆占比为50%，低于浙江省（80%）、安徽省（80%）、江苏省（80%）、云南省（60%），与福建省（50%）相同，高于贵州省（35%）。除了福建省，列表其余省份都进行了城镇生活垃圾分类减量化行动和农村生活垃圾集中收集储运。

表3-10　省层面"生态生活"对标评估

	集中式饮用水源地水质优良比例	城镇污水处理率	城镇生活垃圾无害化处理率	城镇人均公园绿地面积（平方米）	农村无害化卫生厕所普及率	城镇新建绿色建筑比例	城市公交新增和更新车辆中新能源车辆占比	城镇生活垃圾分类减量化行动	农村生活垃圾集中收集储运
四川省	100%	91.71%	99.90%	14.03	86%	49%	50%	有	有
浙江省	100%	98.64%	100%	14.03	98.55%	92.6%	80%	有	有
福建省	100%	92.3%	99.95%	15.05	45.3%	80%	50%	无	无
安徽省	100%	-	100%	14.80	58.6%	60%	80%	有	有
江苏省	99.7%	94.47%	100%	15.00	95%	-	80%	有	有

集中式饮用水源地水质优良比例	城镇污水处理率	城镇生活垃圾无害化处理率	城镇人均公园绿地面积（平方米）	农村无害化卫生厕所普及率	城镇新建绿色建筑比例	城市公交新增和更新车辆中新能源车辆占比	城镇生活垃圾分类减量化行动	农村生活垃圾集中收集储运
云南省	98.9%	95.45%	99.77%	-	45.6%	50%	60%	有	有
贵州省	100%	95.20%	96.59%	-	48%	50%	35%	有	有

注：城镇污水处理率江苏省用 2019 年数据代替，贵州省用 2018 年数据代替，福建省用 2018 年代替。城镇公园绿地面积江苏 2019 年，浙江 2019 年。城镇新建绿色建筑比例，浙江为 2017 年数据。

3.3 基于"绿水青山就是金山银山"发展指数对标评估

"绿水青山就是金山银山"发展指数是量化反映"两山"建设水平，表征区域生态环境资产状况、绿水青山向金山银山转化程度、保障程度、服务"两山"基地管理的综合性指数。"两山指数"作为"两山"基地后评估和动态管理的重要参考依据，主要包括构筑绿水青山、推动两山转化、建立长效机制三方面。

根据以上指标体系，本部分从省、市（州）、区域三个维度进行对标。

3.3.1 构筑绿水青山

省层面的构筑绿水青山目标主要由环境空气质量优良天数比例、集中式饮用水水源地水质达标率、地表水水质达到或优于Ⅲ类水的比例、森林覆盖率、生态保护红线面积这五类指标来反映。这些指标可以体现出一个地区的整体环境状况，从多方面展现出构筑绿水青山的成效。

环境空气质量优良天数指标能反映出一个省的总体空气质量情况。如表3-11所示，2020年，四川省环境空气质量优良天数比例为90.8%，高于安徽省（82.9%）、江苏省（81.0%），低于贵州省（99.2%）、云南省（98.8%）、福建省（98.8%）、浙江省（93.3%）。总体而言处于平均水平，存在一定的提升空间。

集中式饮用水水源地水质达标率能够表现一个区域的饮水供应情况。由表3-11可知，在2020年，四川省的该指标达到了100%，其他对标省份除了云南省（98.9%）和江苏省（97.7%）外，都达到了100%。这说明各地都十分注重饮用水水源地的水质问题，四川省能够百分百确保居民的饮水安全。

地表水水质达到或优于Ⅲ类水的比例可以反映一个区域的水质优良程度，如表3-11所示，四川省的该指标为95.4%，高于浙江省（94.6%）、江苏省（87.5%）、云南省（86.4%）、安徽省（76.3%），低于贵州省（99.3%）、福建省（97.9%）。相比而言处于较高水平，说明四川省地表水水质较好。

四川省的森林覆盖率为40.03%，低于福建省（66.80%）、云南省（65.04%）、浙江省（61.15%）、贵州省（60.00%），高于安徽省（30.22%）、江苏省（23.04%）。由此可见，四川省的森林覆盖率较高，但也具有一定的提升空间。

如表3-11所示，四川省生态保护红线面积为19.7万平方千米，显著高于其他所有对标省份，说明四川省对生态保护工作的重视程度很高。

表3-11　2020年四川省与其他省同期构筑绿水青山指标比较

	环境空气质量优良天数比例	集中式饮用水水源地水质达标率	地表水水质达到或优于Ⅲ类水的比例	森林覆盖率	生态保护红线面积（万平方千米）
四川省	90.80%	100.00%	95.40%	40.03%	19.70
浙江省	93.30%	100.00%	94.60%	61.15%	3.89
福建省	98.80%	100.00%	97.90%	66.80%	0.04
安徽省	82.90%	100.00%	76.30%	30.22%	2.12
江苏省	81.00%	97.70%	87.50%	23.04%	0.85
云南省	98.80%	98.90%	86.40%	65.04%	11.84
贵州省	99.20%	100.00%	99.30%	60.00%	4.59

3.3.2 推动"两山"转化

省级层面的推动"两山"转化目标主要由生态补偿类收入占财政总收入比重这一个指标进行衡量。该指标是用中央对该省的重点生态功能区转移支付除以该省的财政总收入计算出的，可以反映出"两山"转化的程度，符合评价目标要求。

如表3-12所示，四川省生态补偿类收入占财政业总收入的比重为0.56%，高于安徽省（0.45%）、福建省（0.31%），低于贵州省（0.82%）、浙江省（0.78%）、云南省（0.74%）。与其他省份相比，大致处于平均水平，但还存在一定的提高空间。

表3-12　2020年四川省与其他省同期推动"两山"转化指标比较

	生态补偿类收入占财政业总收入比重
四川省	0.56%
浙江省	0.78%
福建省	0.31%
安徽省	0.45%
江苏省	-
云南省	0.74%
贵州省	0.82%

3.3.3 建立长效机制

省级层面的建立长效机制化目标主要由"两山"基地制度建设、生态环保投入占GDP的比重这两个指标进行衡量。均反映了对生态环境保护的长期投入，有利于长远发展。

"两山"基地制度建设指标衡量了该区域"绿水青山就是金山银山"实践创新基地的数量，如表3-13所示，四川省"绿水青山就是金山银山"实践创新基地的数量为4个，在对标的各省份中处于平均水平，体现出四川省为长期维护本省生态环境所做出的努力。

四川省生态环保投入占全省GDP的比重为0.55%，与对标省份相比位于第三位，低于云南省（0.94%）、贵州省（0.82%），高于安徽省（0.37%）、福建省（0.36%）、浙江省（0.34%）、江苏省（0.33%）。由此可见，四川省对生态环保的投入力度高于平均水平，充分体现了四川省对于生态环保事业的重视。

表3-13　2020年四川省与其他省同期建立长效机制指标比较

	"两山"基地制度建设	生态环保投入占GDP的比重
四川省	4	0.55%
浙江省	8	0.34%
福建省	3	0.36%
安徽省	4	0.37%
江苏省	4	0.33%
云南省	5	0.94%
贵州省	4	0.82%

3.4 国际对标评估

环境资源的可持续性受到人类活动的直接影响，而一个国家或地区的绿色发展能力既直接影响经济发展和可持续性，又影响二者之间相互作用的方式、强度和方向。基于三位一体的逻辑框架，本部分结合国外政府部门、研究机构、高校和学者以及国际组织开发的相关指标体系，围绕经济发展、可持续性、绿色发展三个维度，选取人均GDP、细颗粒物（$PM_{2.5}$）浓度、污水处理率、生态环境保护经费投入占GDP比重等典型指标，将四川省与美、德、日、韩等国家进行比较，经比较发现，在经济发展方面，四川经济发展已有一定基础，仍需改善提升经济实力；在可持续性方面四川表现较好，在人均能耗、生物栖息地建设方面优于部分发达国家，特别是环境质量上，发达国家空气颗粒物历史本底值和现状值均远优于四川，但四川的空气环境改善速度无论是发达国家亦或是发展中国家均难以比肩，环境效率较高。在绿色发展方面四川虽现阶段较为落后，但发展态势积极向上，具有较强的践行绿水青山就是金山银山的能力。

3.4.1 人均GDP

2019年四川人均GDP相当于部分发达国家1975—1978年水平，与这些国家的现状还有5~8倍的差距。2019年四川省人均GDP为7808美元/人，相当于美国1975年（7801美元）的经济水平，相当于荷兰1976年（7925美元）的经济水平，相当于德国1977年（7683美元）的经济水平，相当于日本1978年（8820美元）的经济水平，相当于韩国1991年（7637美元）的经济水平。与发展中国家相比，巴西在2007年人均GDP就已经跨入7000美元关卡。鉴于当前严峻复杂的国内外形势，特别是受到新冠疫情的冲击，假设四川继续以7%速度发展，那么到2025和2035年将分别达到人均1.1万美元和2.3万美元，分别与美国1979、1990年和德国的1979、1991年水平相近，说明经济发展仍是四川的主攻方向，但是需要绿色清洁发展。

表3-14 四川省人均GDP与对标各国差距比较

指标	四川	美国	荷兰	德国	日本	韩国	巴西
年人均GDP（美元）	7808	7801	7925	7683	8820	7637	7348
对应年份	2019	1975	1976	1977	1978	1991	2007
差距	--	44年	43年	42年	41年	28年	12年

数据来源：世界银行数据库，四川省统计年鉴

3.4.2 能源使用效率

人均能源消耗量是用于衡量一个地区或者国家能源利用效率的经济指标，人均能源消耗量越小，表明该地区或者国家的能源利用技术越成熟。与此同时，能源技术的创新发展能大幅提高能源的利用效率，减少能源消费总量，从而有效控制能源系统的CO_2排放。因此，现有研究常用人均能

源消耗反映区域的能源使用效率。

四川单位GDP能耗呈现快速下降趋势，2020年单位GDP能耗比1978年累计降低超过80%，节能降耗取得显著成效。"十一五"时期全省单位GDP能耗降低目标为20.0%，实际降低20.3%，超额完成目标任务0.3个百分点；"十二五"时期单位GDP能耗降低目标为16.0%，实际降低25.2%，超额完成目标任务9.2个百分点；"十三五"单位GDP能耗下降目标为16.0%，实际降低17.4%，超额完成目标任务1.4个百分点。但仍是世界平均水平的1.4~1.5倍，是美国的2倍。

表3-15 2019年四川省与对标各国使用效率指标比较（年人均GDP相同时期）

序号	指标	四川	美国	德国	荷兰	韩国	日本	巴西
1	人均CO_2排放量（吨）	6.8（中国）	20.0	13.0	10.2	5.9	7.8	1.7
	差距比较		2.9倍	1.9倍	1.5倍	0.9倍	1.1倍	0.3倍
2	人均能源消耗量（千克油当量）	2193.1（2014年的中国数据）	7656.3	4336.0	4742.9	4603.7	2897.9	1238.4
	差距比较		3.4倍	1.9倍	2.1倍	2.1倍	1.3倍	0.6倍

数据来源：IMF，世界银行，四川省统计年鉴

通过与对标国家在年人均GDP相同时期比较可知，四川人均能源消耗量较低，仅为一些发达国家的36%～92%，但是单位产值能耗为德国和日本的2倍，未来还可以通过加大清洁能源比例和提高化石能源使用效率来减少能源消耗。2019年四川省人均能源消耗量为2193.1千克油当量，是美国1975年水平（7656.3千克油当量）的28.6%，是德国1977年水平（4336.0千克油当量）的50.6%，是荷兰1976年水平（4742.9千克油当量）的46.2%，是韩国1991年水平（4603.7千克油当量）的47.6%，是日本1978年水平（2897.9千克油当量）的75.7%。上述分析结果表明，在同等经济发展水平下，四川低碳和绿色发展水平较高，实现了较低的人均能耗和CO_2排放，这是四川的发展优势，未来应该坚持走这条道路，继续提高能源使用效率，减少能源消费，大力发展清洁能源，推动经济社会转型，让四川朝

着碳达峰、碳中和的方向和目标迈进。

在有序推进2030年前碳排放达峰行动过程中，四川省可采取与降低碳排放强度，推进清洁能源替代和加强非二氧化碳温室气体管控等相关的措施来控制和减少碳排放。具体而言，可采取的措施有：健全碳排放总量控制制度，加强温室气体监测、统计和清单管理，推进近零碳排放区示范工程；加强气候变化风险评估，试行重大工程气候可行性论证；促进气候投融资，实施碳资产提升行动，推动林草碳汇开发和交易，开展生产过程碳减排、碳捕集利用和封存试点，创新推广碳披露和碳标签。

3.4.3 PM$_{2.5}$年均浓度

四川空气质量改善速度是其他国家难以比肩的，2013年空气中PM$_{2.5}$浓度是美国、德国、日本等发达国家的10倍左右，在2013—2019年6年间下降了63%，同期美国和德国仅下降11%和13%，而日韩两国的PM$_{2.5}$年均浓度基本持平。如此大幅度的降幅对标国家均需数十年完成，美国和德国花费近30年才将PM$_{2.5}$年均浓度降低42%左右。到2019年，四川PM$_{2.5}$浓度仅为这些国家现状值的1~4倍。将四川省与对标国家人均GDP同等时期的空气质量对比，发现四川PM$_{2.5}$年均浓度远高于对标国家同期水平，且部分城市PM$_{2.5}$浓度仍在较高位，2019年四川省PM$_{2.5}$年均浓度为35.5μg/m^3，是发达国家韩国2014年水平（25.1μg/m^3）的1.4倍，是发展中国家巴西1990年水平（14.8μg/m^3）的2.4倍。

表3-16　四川省PM$_{2.5}$浓度与对标各国差距比较

序号	指标	四川	美国	荷兰	德国	日本	韩国	巴西
1	峰值数值及达到年份	--	1990年的13.2	1990年的19.8	1990年的20.8	2014年的13.9	2014年的28.2	1990年的14.8
2	2013年PM$_{2.5}$年均浓度（μg/m^3）	96.3	8.7	12.7	13.7	13.6	27.6	13.1
3	2019年PM$_{2.5}$年均浓度（μg/m^3）	35.5	7.7	12.0	11.9	13.6	27.4	11.7
4	2019比峰值下降比例	--	42%	39%	43%	2%	3%	21%

序号	指标	四川	美国	荷兰	德国	日本	韩国	巴西
5	2019比2013下降比例	63%	11%	6%	13%	0%	0.7%	11%
6	四川2019年PM$_{2.5}$年均浓度/对标国家2019年PM$_{2.5}$年均浓度	==	4.6倍	3.0倍	3.0倍	2.6倍	1.3倍	3.0倍

数据来源：OECD，四川省生态环境状况公报

尽管取得了很大成就，但是四川省空气质量离世界卫生组织第二阶段标准（年均25μg/m³）还有一定差距，离国家空气质量一级标准（年均15μg/m³）更远，因此仍需不断努力。基于经济学"边际效益递减"理论，空气质量越好，改善的难度也会越大，四川由于历史本底值大，下降速度快，环境质量继续改善的边际成本上升，持续改善难度加大。但是，借鉴发达国家持续改善的经验，四川未来仍然可以让天更蓝、水更清。美国、德国等发达国家和地区在PM$_{2.5}$年均浓度低于30μg/m³后，仍可保持年均下降2%~4%的势头。巴西作为发展中国家，经济表现亮眼，自1990年有记录以来，PM$_{2.5}$年均浓度均达到国家空气质量一级标准，表明先污染后治理并不是所有国家富强的必经之路。所以，结合四川这几年来生态文明建设上的努力，有理由相信美丽四川的建设是成效显著的且值得推广的。

3.4.4 污水集中处理率

污水集中收集率是美丽四川建设的一大短板，无论与发达国家德、韩、日、美，还是与发展中国家巴西相比，均存在相当差距。部分发达国家如荷兰，早在2000年其污水集中收集率就达到98%以上，并始终保持极高的污水处理率。四川污水处理若要实现跨越式发展，须增加铺设污水管网，提高中水回用能力，在城镇化和工业化快速发展的背景下，控制城镇污水排放总量是非常艰巨的任务，同时还伴有非常棘手的问题需要解决，如：县城和建制镇污水处理能力不足，不同地区污水处理存在差距等。总

而言之，在美丽四川建设过程中，要不断提升和完善集中处理污水的能力和水平。

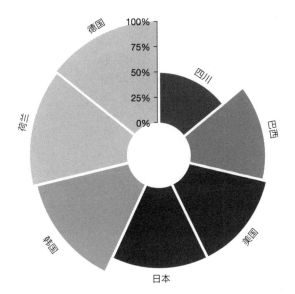

图3-1 四川省2019年污水集中处理率与对标各国比较

数据来源：OECD，UNSD，四川省生态环境状况公报

3.4.5 生活垃圾处理率

生活垃圾处理的方式包括厌氧消化、堆肥、垃圾填埋、焚烧和回收，生活垃圾无害化处理率是一个能够反映一个地区或国家污染控制能力与绩效的指标。生活垃圾处理率高则得益于生活垃圾分类管控、推广可回收物利用、生物处理等资源化利用方式和生活垃圾处理设施建设加快。四川在此方面表现亮眼，95.4%的生活垃圾处理率已经能够比肩发达国家，远远高于对标发展中国家巴西的65.8%。

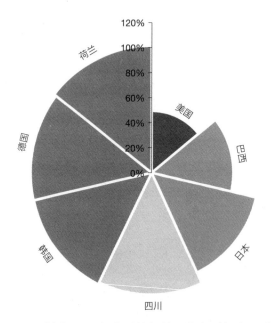

图3-2　四川省2019年生活垃圾处理率与对标各国比较

数据来源：Siemens Green City Index，中国城乡建设统计年鉴

3.4.6 自然保护地面积占陆域国土面积比例

自然保护地是世界各国为有效保护生物多样性而划定并实施管理的区域。按照世界自然保护联盟按照世界自然保护联盟（International Union for Conservation of Nature，IUCN）的分类标准，自然保护地可分为自然保护区、荒野保护地、国家公园、自然历史遗迹或地貌、栖息地/物种管理区、陆地景观/海洋景观、自然资源可持续利用自然保护地等不同类型。四川省的自然保护地的建设位于世界的中游水平，17.1%的占比超过了对标国家中发达国家美国的11.7%与韩国的16.9%，但距离德国的37.8%尚存在一定差距。

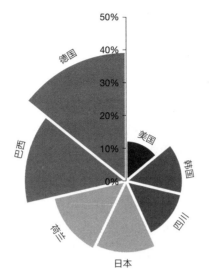

图3-3 四川省2019年自然保护地面积占比与对标各国比较

数据来源：OECD，自然资源部

3.4.7 环保支出占 GDP 比重

通过国际经验来看，环境保护投资占GDP的比重处于1%～5%的水平，可以有效防止环境污染进一步扩大，比重处于2%～3%之间，不仅可以有效控制环境污染，环境质量还可以得到改善。我国目前的环境保护投资比例仍然处于低水平状态，低于改善环境质量2%的最低标准，四川的节能环保支出仅占GDP的0.6%，而在20世纪70年代一些发达国家如美国的环保支出就已占到其GDP的2%。发达国家在走过污染较严重的阶段后其环保支出有一定回落，2019年德国该比例为0.6%，荷兰为1.4%，日本为1.2%。四川节能环保支出大致呈递增趋势，足以说明四川近年来对绿色可持续发展的重视。

表3-17　四川省节能环保支出占GDP比重与对标各国差距比较

指标	德国	日本	荷兰	四川
节能环保支出占GDP比重（%）	0.7	1.2	1.4	0.6

数据来源：IMF，四川统计年鉴

综上所述，四川省环境与经济协同发展路径是清晰明确的，需要坚持践行"绿水青山就是金山银山"理念。贯彻落实《长江保护法》，持续加强生态建设，促进经济社会发展全面绿色转型，深入实施主体功能区战略，立足新发展阶段，贯彻新发展理念，构建新发展格局，加快推动绿色低碳发展，持续深入打好污染防治攻坚战，持续改善生态环境质量，做好生态建设和环境治理的"加减法"，进一步筑牢长江黄河上游生态屏障，形成安全高效的生产空间、舒适宜居的生活空间、碧水蓝天的生态空间。

第四章　美丽四川建设的形势研判

4.1 关键问题研判

生态环境保护结构性、根源性、趋势性压力总体上尚未得到根本缓解。四川省产业结构优化水平不高，工业仍是四川省三大产业发展的主导，同时产业布局偏零散，交通运输结构不合理；全省单位能耗水平依然未达到国内平均水平，万元地区生产值用水量为49.0立方米，远高于上海（19立方米）、浙江（27.3立方米）经济发达省市，土地等资源消耗强度大，局部地区资源环境承载能力已经达到或接近上限；主要污染物排放强度过高，四川省化学需氧量、二氧化硫等主要污染物排放强度仍然处于33.04～68.26万吨的高位，高于全国平均水平。生态环境保护与高质量发展融合度不高，协调保护难度大。

区域发展及生态环境治理差异较大，统筹保护难度高。四川省区域生产力布局与自然资源禀赋反差较大，经济与环境的地域梯度特征明显，成都平原区经济发展程度和环境治理水平均较高但污染排放总量大，川东北川南地区经济发展和环境治理水平相对不高，污染防治压力大，攀西地区生态环境脆弱，矿山、土壤问题依然严峻，川西北地区生态环境基础条件较好但经济发展较为落后；同时，城市与农村区域发展和环境保护差距明显。如何统筹协调解决区域发展不平衡问题、缩小城乡环境差距以满足城乡居民对生态环境质量的共同需求将面临较大的挑战。

环境质量改善难度加大，稳中向好但成效尚不稳固。大气污染防治形势依然严峻，四川省仍有8个城市空气质量不达标，四川省平均$PM_{2.5}$浓度仍高于全国平均水平（30微克每立方米）的6%，川南地区平均$PM_{2.5}$浓度达40.7微克每立方米，臭氧污染凸显并有所加重。地表水环境整治成效不巩固，重点流域个别断面达标不稳定，部分小流域存在长期不达标现象。部分饮用水水源地保护区划分范围不合理，乡镇和农村区域水质达标率偏低，环境监测和预警应急能力薄弱。农村人居环境还未得到根本改善，局部地区农用地土壤污染较重。总体来看，环境质量从量变到质变的拐点尚未到来，环境质量继续改善的边际成本上升，持续改善难度加大。

生态安全形势依然严峻，保护与开发矛盾突出。四川省作为长江黄河上游重要生态屏障，生态保护修复任务艰巨，中度及以上生态脆弱区占比达17.65%，水土流失面积达10.95万平方公里，占省域面积22.5%，石漠化、沙化面积分别为0.67万平方公里、0.86万平方公里。在全球气候变化的大背景下，川西北高原湿地局部面积缩小、水位下降，草原沙化呈现加重趋势，治理修复难度大。随着社会经济的快速发展，大量生态空间被挤占，生态保护红线守护难度增加，水电、矿产资源集聚区和生态脆弱区与生物多样性保护功能区高度耦合，不可避免地带来生态破坏。总体而言，生态保护与开发建设活动的矛盾依然突出，生物多样性恶化趋势尚未得到根本扭转。

生态环境治理体系和能力相对滞后，现代化程度不高。面对环境高水平保护的要求，当前四川省环境治理体系和环境治理能力现代化建设相对滞后，领导、企业责任体系尚未健全，环境经济及法治体系尚未完善，环境执法、监控、监测、统计等领域现代化、科技化、数字化水平不强等问题，需要进一步补齐短板、强化科学决策指挥能力、充实基层监管力量、提升科研创新及成果转化水平。

环境基础设施建设存在短板弱项，治理水平仍需提升。目前四川省城镇、农村生活污水收集和处理能力不足，城镇生活污水处理能力为1100.2万吨/日，污水收集管网建设滞后，污泥无害化处理处置设施建设进度缓慢；地级以上城市生活垃圾分类收集、运输和处理体系尚未建成，县城生活垃圾无害化处理率尚未达到100%，建制镇及农村区域收集转运体系尚未健全，生活垃圾焚烧处理能力和飞灰处置设施建设不足，厨余垃圾处理水平较低；垃圾焚烧厂、危险废物处置厂、固体废物综合利用厂等进度缓慢。

4.2 机遇与挑战

四川生态良好，区位发展优势明显，实现双碳目标优势突出，空间、经济、风景、资源等领域发展优势强劲，为美丽四川建设提供了巨大的机遇，同时对美丽四川建设提出更高要求。

4.2.1 机遇

生态文明建设进程不断加快，生态环境保护战略地位进一步加强。党的十八大以来，我国把生态文明建设作为统筹推进"五位一体"总体布局和协调推进"四个全面"战略布局的重要内容，开展了一系列根本性、开创性、长远性工作，提出了一系列新理念、新思想、新战略，生态文明体制的"四梁八柱"已基本形成，生态文明理念日益深入人心，"绿水青山就是金山银山"的绿色发展理念正在全社会牢固树立，生态环境保护战略地位达到了前所未有的高度。

新时代经济发展方式的变化，生态环境保护作用进一步显现。我国已进入高质量发展阶段，并将逐步形成以国内大循环为主体、国内国际双循环相互促进的新发展格局，绿色产业、生态经济已成为拉动经济发展的重要引擎，生态环境优势已逐步转化为经济优势。同时，"一带一路"、"长江经济带"、新一轮西部大开发、成渝地区双城经济圈的建设为四川省在更大范围、更高层次参与全球合作和区域合作提供了战略契机,绿色协调发展成为区域发展的重要原则,必将推动四川省绿色发展进入新阶段。

建设美丽四川的战略目标,生态环境保护社会合力进一步加大。建设"美丽四川"是建设"美丽中国"的重要组成部分,是四川省委省政府的重大决策部署。"美丽四川"的内容广泛,包括生活、生产、生态各个方面,以及经济、社会、文化等各个领域,这势必要求全社会形成环境保护"一股绳"的合力,各级政府、部门环保投入力度、企业环境守法意识、公众和社会组织参与和监督环境保护的积极性都在迅速提高,这种"社会共治"模式为加快解决当前环境问题创造了有利条件,为更好开展生态环境保护工作奠定了社会基础。

4.2.2 挑战

全面支持经济社会健康发展,对平衡和处理好发展与保护的关系提出了更高的要求。在新冠疫情和国内外复杂形势影响下,"十四五"时期四川省经济社会发展不确定、不稳定因素明显增多,经济下行压力持续加大,部分地区对生态环境保护的重视程度减弱、保护意愿下降、行动要求放松、投入力度减小的风险有所增加,这也给四川省产业结构和能源结构调整、应对气候变化、深入打好污染防治攻坚战等工作带来了严峻挑战。

构建新发展格局,对生态环境保护在助推高质量发展方面提出了更高的要求。"十四五"时期,四川省将依托成渝双城经济圈的国家战略,深度融入新发展格局,着力建强支撑国内大循环的经济腹地、畅通国内国际双循环的门户枢纽,势必带动东部沿海产业转移、民间投资,以及交通、物流枢纽等基础设施大规模建设,这就对生态环境保护工作在畅通"双循环"环境瓶颈、助推高质量发展、提升环境承载力、补齐环境基础设施短板等方面提出了更高的要求。

区域协调发展战略,对生态环境的差异化管理提出了更高的要求。目前四川省区域发展差距依然较大,区域发展不平衡不充分问题仍然突出,

"十四五"时期，四川省提出继续深化拓展"一干多支、五区协同"，加快推动成德眉资同城化发展、构建"一轴两翼三带"的战略部署。在生态环境保护方面，需要充分考虑不同区域环境资源禀赋和社会经济比较优势，强化生态环境分区管控，落实差异化、精准化的环境管理，促进区域绿色协调发展。

新型城镇化、乡村振兴战略全面推进，对城镇、农村生态环境保护提出了更高的要求。"十四五"时期，四川省提出深入推进以人为核心的新型城镇化，以及优先发展农业农村，深入实施乡村产业振兴的战略。随着新型城镇化、乡村振兴的全面推进，如果生态环境保护工作在内容、要求、进度等方面未及时与其衔接，城镇扩张、农村发展所带来的耕地占用、土壤污染、污水垃圾排放、农业面源、畜禽养殖污染等问题将进一步突显。

坚持创新驱动发展，对生态环境保护的科技化、智能化、信息化提出了更高的要求。"十四五"时期，四川省明确提出坚持"四个面向"，深入实施创新驱动发展战略，加快建设具有全国影响力的科技创新中心，必将全面激发社会的创新创造能动性、集聚更多的创新主体、促进更高强度的研发投入、形成更宽领域的应用场景。这就要求生态环保工作结合实际，紧跟全球科技发展方向，推动污染治理技术深度化、尖端化、系统化延伸，环境管理手段科技化、智能化、多元化发展。

成渝地区双城经济圈、成都都市圈战略的推进，对区域生态环境共保共治提出了更高的要求。"十四五"时期，四川省提出牢固树立一盘棋思想和一体化发展理念，要求加快推动成渝地区双城经济圈建设，促进全省发展主干由成都拓展为成都都市圈。区域一体化的深度推进，将促使区域间工作机制进一步创新、产业布局进一步优化、产业集群进一步融合、基础设施深度互联、公共服务深度协同。这就要求生态环境共保共治工作，应从更高层面、更多维度、更大力度、更广空间上纵深推进，为区域一体化发展提供有力支撑。

下　篇

战略规划篇

第五章　新时代美丽四川建设战略目标指标

5.1 指导思想

坚持以习近平新时代中国特色社会主义思想为指导，深入学习贯彻落实习近平生态文明思想，全面贯彻落实习近平总书记对四川工作的系列重要指示精神，立足新发展阶段，贯彻新发展理念，融入新发展格局，紧扣碳达峰目标和碳达峰愿景，切实筑牢长江黄河上游生态安全屏障，建设高品质生活宜居地，依托四川独特的生态之美和多彩的人文之韵，分阶段、分层次有序推进美丽四川建设，形成一批有美丽特质的重点区域和领域，奋力谱写美丽中国的四川篇章。

5.2 基本原则

遵循美的规律，营造向美氛围。将美学意识融入经济发展和生态建设中去，让美学思想激发生态环境高水平保护和经济高质量协同发展动力，在美丽四川建设中体现出更多美术元素和艺术元素，让美丽之花开遍巴蜀大地。

坚持以人为本，实现共建共享。顺应人民对美好生活的向往，激发人民群众参与美丽四川建设的积极性、主动性、创造性，塑造繁荣兴盛的巴蜀文化，营造文明健康的生活风尚，打造山光水色的生态环境，让人民群众有更多获得感、更大幸福感、更高安全感。

突出重点特点，呈现各美其美。充分结合各地特色特点，因地制宜、统筹兼顾、多措并举，将资源优势转化为发展动能，围绕生态、环境、城乡、生活、文化等重点领域，全方位、全地域、全过程开展美丽四川建设，引导美丽四川建设各具特色、和谐全面。

系统有序推进，彰显美美与共。牢固树立"一盘棋"思想，立足当前，着眼长远，以2035年建成美丽中国生态文明引领区为目标，以5年作为一个阶段周期梯次推进，明确各阶段、各领域目标任务，突出重点区域、重点城市、重点领域，推动美丽四川建设不断深入。

5.3 战略定位

建设美丽中国和生态文明的典范区。以建设生态环境国际一流区域为目标，推动工业与文明良性互动、融合发展，凝聚绿色发展的共识，集聚绿色发展的智慧和力量，坚持以生态价值观念为准则，尊重自然、顺应自然、保护自然，率先营造人与自然和谐共生、协同发展的美丽中国典范。积极践行习近平生态文明思想，充分发挥四川特色人文与生态文化的优势，开阔视野，加强国际之间的合作，把高水平推进新时代美丽四川建设作为向国际展示习近平生态文明思想和生态文明建设成果的示范区。

保障生态安全和永续发展的屏障区。四川具有独特的自然生态之美、多彩人文之韵，地处长江上游，地跨几大地貌单元，生物资源全国第二，自然保护区全国第一，又是千河之省，是重要生态屏障，肩负着国家生态安全的重要使命。四川省生态环境保护与建设必须站在保障中华民族永续发展的高度，深刻把握新时代治蜀兴川的生态重任，持续用力推进美丽四川建设，严格落实生态空间管控，坚决维护国家和区域生态安全，切实筑牢长江上游生态屏障。

驱动西部创新和高质增长的先导区。努力推动成渝地区双城经济圈建设，使其成为西部高质量发展的重要增长极。牢固树立和落实新发展理念，坚持问题导向、目标导向、结果导向，打破"行政边界""层级边界"空间分割，抓紧抓实重大项目、重大改革、重大平台实施落地，破除制约同城化发展的各种障碍，畅通区域交通大循环，使成渝地区成为具有全国影响力的重要经济中心、科技创新中心、改革开放新高地、高品质生活宜居地，助推西部区域高质量发展。

打造绿色低碳和可持续发展的样板区。依托处在成渝地区双城经济圈、长江经济带、"一带一路"中的自身优势，打造安全高效的生产空间、舒适宜居的生活空间、天蓝水净的生态空间，坚持生态优先、绿色发展，深化供给侧结构性改革，深入实施绿色创新驱动发展战略，建设绿色、低碳、循环、可持续的高质量现代化经济体系。

5.4 总体思路

深入践行"绿水青山就是金山银山"理念，围绕美丽四川两阶段建设的战略节点，以巩牢长江—黄河上游重要生态屏障为目标，协同推进以四川省生态环境高水平保护和经济高质量发展为主线，四川省现代化生态环境治理体系和治理能力为支撑，严格遵循长江经济带"共抓大保护、不搞大开发"、黄河流域高质量发展的总体思路，实现人民生活更美好、广泛形成绿色生产生活方式、缩小城乡区域发展差距、增强文化软实力、碳排放达峰后稳中有降，使新时代治蜀兴川再上新阶，建设成为美丽中国和生态文明的典范区、生态安全和永续发展的屏障区、西部创新和高质增长的先导区、绿色低碳和可持续发展的样板区。以2035年生态环境根本好转和美丽四川建设为目标，谋划未来三个五年战略路线图。

5.5 目标指标

在奋力谱写全面建设社会主义现代化、美丽四川篇章的新征程上，持续深化生态建设，接续推进美丽四川建设，努力把"生态生机勃发、碧水蓝天美景常新、城乡形态优美多姿、文化艺术竞相绽放"的宏伟蓝图变成美好现实，呈现美丽画卷，成就美丽愿景。

5.5.1 总体目标

坚持"绿水青山就是金山银山"理念，贯彻落实可持续发展战略，到2035年在四川省内形成绿色生活生产方式，碳排放达峰后逐渐下降，从根本上解决制约生态环境改善的主要问题。省内各地区、多要素、整体性的生态环境质量得到根本性、转折性的变化，社会、经济、环境同步达到基本实现社会主义现代化目标水平，生态环境质量改善成果得到全社会的广泛认可，基本满足人民群众美好生活需要，生态环境质量可为实现社会主义现代化目标增光添彩，美丽四川建设目标基本实现。

5.5.2 阶段目标

美丽四川建设启动实践阶段（2021—2025年）。省市两级全面制定美丽建设规划，建立健全美丽四川建设机制体制，启动生态、环境、生活、城乡、文化等领域的美丽示范建设工程，建设一批重大项目，形成可在全省推广的典型案例。

美丽四川建设加速推进阶段（2026—2030年）。打造美丽百城千镇万村，县级及以上城市全面启动美丽示范建设工程，一批重点乡镇同步推进落地，全省美丽建设在全国具有初步示范性。

美丽四川建设巩固提升阶段（2031—2035年）。打造成都公园城市、地级城市和天府旅游名县等100个高品质宜居魅力城市，建设1000个环境优美、民风淳厚、绚丽多彩的美丽乡镇。基本建成自然生态生机勃发、碧水蓝天美景常新、城乡形态优美多姿、文化艺术竞相绽放的中国最美丽区域之一，基本实现美丽四川总体目标。

5.5.3 指标体系

5.5.3.1 现有美丽中国建设实践研究概述

国内研究机构和学者从经济地理角度切入，并与联合国可持续发展目标（SDGs）等结合，构建了以生态环境、绿色发展、经济快速发展、社会和谐发达、文化保护传承、体制机制完善等维度为主要考量的美丽中国建设进程评价指标和方法体系，为确立美丽中国建设指标体系奠定了一定的理论和研究基础。

2020年3月，国家发展改革委印发《美丽中国建设评估指标体系及实施方案》，提出了22项评价指标，明确了由第三方机构（中国科学院）以5年为周期，对全国及31个省（区、市）开展美丽中国建设进程评估的支撑工作方式。但是，该实施方案尚未明确评价指标的阶段性目标值和评估方法，也未出台明确的评估技术规范。

表5-1　国家发展改革委美丽中国建设评估指标体系

评估指标	序号	具体指标	数据来源/责任单位
空气清新	1	地级及以上城市$PM_{2.5}$浓度（微克/立方米）	生态环境部
	2	地级及以上城市PM_{10}浓度（微克/立方米）	
	3	地级及以上城市空气质量优良天数比例（%）	
水体清净	4	地表水水质优良（好于Ⅲ类）比例（%）	生态环境部
	5	地表水劣Ⅴ类水体比例（%）	
	6	地级及以上城市集中式饮用水水源地水质达标率（%）	
土壤安全	7	受污染耕地安全利用率（%）	农业农村部、生态环境部
	8	污染地块安全利用率（%）	农业农村部、自然资源部

评估指标	序号	具体指标	数据来源/责任单位
土壤安全	9	农膜回收率（%）	农业农村部
	10	化肥利用率（%）	
	11	农药利用率（%）	
生态良好	12	森林覆盖率（%）	国家林草局、自然资源部
	13	湿地保护率（%）	
	14	水土保持率（%）	水利部
	15	自然保护地面积占路与国土面积比例（%）	国家林草局、自然资源部
	16	重点生物物种数保护率（%）	生态环境部
人居整洁	17	城镇生活污水集中收集率（%）	住房城乡建设部
	18	城镇生活垃圾无害化处理率（%）	
	19	农村生活污水处理和综合利用率（%）	生态环境部
	20	农村生活垃圾无害化处理率（%）	住房城乡建设部
	21	城市公园绿地500米服务半径覆盖率（%）	
	22	农村卫生厕所普及率（%）	农业农村部

此外，自习近平总书记在党的十九大上明确要求"加快生态文明体制改革，建设美丽中国"以来，各地积极开展各层级美丽中国建设探索实践，其中以浙江省、江苏省、深圳市、杭州市等最具代表性，分别发布了全国第一个省级美丽中国建设实施纲要、第一个推进省级美丽中国建设的指导意见、第一个打造美丽中国典范规划纲要、第一个城市级美丽中国建设实施纲要。从当前以开展的美丽中国建设评估和实践工作所关注的主要领域看，与国家发展改革委牵头的美丽中国建设评估相比，省（市）、地市层面研究和实践工作的关注领域更为广泛，大多在国家发展改革委美丽中国建设评估指标体系的5个领域基础上进行了扩充、整合和特色化处理，不同地区关注的重点领域也各有差异。

表5-2 部分已开展美丽中国建设地方实践的基本情况

	主要内容	开展形式	指标体系重点领域
国家发展改革委	美丽中国建设评估指标体系及实施方案	制定指标体系和评估方法	生态环境、人居环境
浙江	深化生态文明示范创建高水平建设新时代美丽浙江规划纲要（2020—2035年）	制定实施规划纲要	生态环境、城乡环境、绿色经济、生态文化、先进制度
江苏	中共江苏省委江苏省人民政府关于深入推进美丽江苏建设的意见	发布文件、制订具体的实施方案	生态环境、城乡环境、生态文化
深圳	深圳率先打造美丽中国典范规划纲要	编制并实施建设纲要	生态环境、环境健康、人居环境、绿色发展、现代治理、国际合作
杭州	新时代美丽杭州建设实施纲要（2020-2035年）、新时代美丽杭州建设三年行动计划（2020—2022年）	编制并实施建设纲要和三年行动计划	与美丽浙江基本一致
温州	《美丽温州建设规划纲要（2020—2035年）》	编制并实施纲要	空间治理、"两山"转化、改善环境
台州	《美丽玉环建设规划纲要（2020—2035年）》	编制并实施纲要	美丽经济、美丽城市、美丽生态、美丽生活、美丽党建
金华	《深化生态文明示范创建高水平建设新时代美丽金华规划纲要（2020—2035年）》	编制并实施纲要	与美丽浙江基本一致

　　各省（区、市）和地市层面的美丽中国建设实践，是贯彻落实美丽中国建设战略部署、推进美丽中国建设在全国范围深入实施的基本单元，也为美丽四川指标体系的构建提供了一定的基础和参考。目前，各地美丽中国建设战略地方实践体现出三个特点。**一是目前积极进行美丽中国地方实践的区域以东南沿海发达地区为主。**浙江"美丽中国先行示范区"、深圳"美丽中国典范"、杭州"美丽中国样本"等概念已在机制建设、城市文化、宣传推广、学术研究等领域得到了广泛认可，占据了明显高地，江南水乡、闽粤绿城等美丽模式日趋深入人心。**二是美丽中国建设研究实践的关注领域以生态环境、城乡环境等"外在美"为主。**当前国家层面对美丽

中国建设的主要考虑仍是生态环境、城乡环境的美丽。从江苏、浙江等地已发布的实施成果看，以生态环境、城乡环境、自然空间等为主的"外在美"也是各先行地区美丽建设关注的核心和重点领域，在各省市最受关注的美丽建设评估指标体系中，较少关注绿色发展、应对气候变化等内容。**三是"美丽中国"先行示范的创建重点关注生态环境现状。**当前先行开展美丽中国建设实践的省（区、市）、地市中，以自然生态本底优良、环境质量基础良好者居多，以减污降碳、生态环境治理和保护修复行动及进展成效为导向的美丽中国建设典型样板和示范较少。

同时，美丽中国建设的内涵应具有丰富性、多样性的特征。一方面，我国地大物博，幅员辽阔，山川形胜各有森罗，自然生态资源禀赋和美丽环境建设特征差异显著，"美丽"的表现形式多元多样；另一方面，"美丽"的异质性，其内核是人民群众长期以来认识自然、改造自然，与自然环境熙来攘往的独特成果，是不同意识形态、经济模式、文化思潮、文明历程的长久积淀。特别是党的十九届五中全会明确"广泛形成绿色生产生活方式，碳排放达峰后稳中有降，生态环境根本好转，美丽中国建设目标基本实现"的美丽中国建设目标以来，应充分认识到建设美丽中国不只是对传统资源、环境和生态系统问题的修补，而是在发展理念、发展方式、生活方式、法律制度等方面的全方位、立体化、全过程的变革。美丽中国建设理应在地域、领域两个层面进行具体考量和战略统筹，客观体现在地方特色和特定发展阶段、发展环境下，保护与发展的合理需求。

5.5.3.2 指标库的选取

习近平总书记于2020年5月在《求是》杂志上发表文章《关于全面建成小康社会补短板问题》，指出正确认识全面建成小康社会面临的短板问题要把握好三个关系。即：一是把握好整体目标和个体目标的关系，二是把握好绝对标准和相对标准的关系，三是把握好定量分析和定性判断的关系。在系统开展由全国到省（区、市）、区域，再到城市、区县（市）、乡镇等层级的美丽中国建设评估中，在开展美丽四川建设目标指标的研究中，同样要统筹把握整体目标和个体目标、绝对标准和相对标准、定量分析和定性判断的关系。

具体来说，一是正确处理"大美丽"与"小美丽"的辩证关系，系统推进由美丽中国整体目标到美丽四川建设目标的具体落地过程；二是统筹兼顾绝对约束性指标和相对建设性指标，综合构建美丽四川目标指标体系；三是除美丽中国建设基本要求外，需要结合四川省经济社会发展、产业结构、生态文明建设等方面特色，进一步丰富指标体系，提出特色建设指标。四是按照宜定量则定量、不宜定量则定性的基本思路，客观评估、完整编制美丽四川建设目标指标体系。

目前主流且具有代表性的美丽中国建设指标/评估体系研究主要为以下四个为代表。

1.国家发展改革委《美丽中国建设评估指标体系及实施方案》

《美丽中国建设评估指标体系及实施方案》提出的指标体系，主要包括空气清新、水体清净、土壤安全、生态良好、人居整洁方面，面向全国总体情况，提出的普适性评价指标，可在全国绝大多数区域适用，且指标值具重点突出、群众关切、数据可得等特点，具体指标可见于表5-1。

2.生态环境部环境规划院关于美丽中国的研究提出的指标体系

生态环境部环境规划院根据"美丽中国"整体性、协调性、多样性、现代性的四个特性，明确了构建指标体系应遵循的四大原则。一是聚焦关键，内外兼修，指标集中在生态环境领域，既有生态环境"外在美"的指标，同时也要有保障实现"外在美"的支撑性指标，围绕生态环境保护这一重点，形成反映美丽中国建设的各领域的指标体系。二是分区分类，区域特征，指标需要能体现区域特性，不同区域其指标项、指标权重、目标值有所差别。三是阶段特性，适当调整，指标体系具有阶段性，体现当前建设要求，在未来建设过程中，指标目标随国家战略要求和生态环境保护形势进行动态调整。四是量化评估，可评可考，指标体系可量化、可评估、可考核，为后续推进工作提供依据。

该指标体系分为两层：一级指标层为反映美丽中国目标愿景的标志美、内质美、制度美三个方面，分别为优美生态环境、绿色生产生活和现代化环境治理体系与能力三个方面；二级指标层为描述美丽中国各要素、领域建设成效的11个方面，体现出美丽中国建设成效，包括清洁空气、健康水体、海清滩净、安全土壤、良好生态、美丽乡村、绿色生产、绿色生活、制度有效、能力匹配、设施完备等。

3. 中科院地理所美丽中国建设指标体系

中国科学院地理科学与资源所以美丽中国建设的区域战略为研究主题，按照美丽中国建设的理论基础与概念内涵、评估指标体系、综合分区方案、典型建设模式与路径和战略重点与阶段路线图的研究为主线，开展了美丽中国建设评估指标体系研究。研究中，主要基于美丽中国建设的理论框架与核心要素，按照综合性、主导性、自然环境与社会经济系统相对一致性、空间分布连续性和行政区划完整性等原则，以生态环境之美、绿色发展之美、社会和谐之美、体制完善之美、文化传承之美等为基础划分依据，构建美丽中国建设评估指标体系。

4. 美丽浙江建设目标指标体系

浙江省在《深化生态文明示范创建　高水平建设新时代美丽浙江规划纲要（2020—2035年）》制定了建设指标体系，该指标体系对美丽中国建设领域的常规指标进行了扩展，并结合浙江省实际情况特别是具体的美丽建设工作做了本地化、特色化处理。从具体指标的选取和设置看，美丽浙江建设指标体系与发展改革委美丽中国指标体系的22项指标有18项相同，未列入指标包括地表水劣V类水体比例、污染地块安全利用率、城市生活垃圾无害化处理率、农村生活垃圾无害化处理率。可见，从自身工作进展角度和工作需要出发，省（区、市）一级在进行美丽中国建设指标设计时，往往对国家指标进行一些增减。

基于国家发展改革委、生态环境部环境规划院、中科院地理所和美丽浙江建设等指标体系，本书从相关指标与美丽四川建设的契合程度出发，按照求精求实的原则，筛选获得美丽四川建设目标基础指标库。原则上，对国家发展改革委在《美丽中国建设评估指标体系及实施方案》提出的22项指标全部吸收；对生态环境部环境规划院、中国科学院地理科学与资源研究所、美丽浙江在相关研究中提出的指标，选取普适性较高的指标进行吸收。初步纳入美丽建设目标基础指标库的共有42项指标。

表5-3 美丽建设基础指标库

一级指标	序号	二级指标
生态空间	1	森林覆盖率（%）
	2	湿地保护率（%）
	3	水土保持率（%）
	4	生态质量指数（EQI）指数（/）
	5	生态保护红线面积比例（%）
	6	自然保护地面积占陆域国土面积比例（%）
	7	重点生物物种数保护率（%）
生态环境	8	地级及以上城市$PM_{2.5}$浓度（微克/立方米）
	9	地级及以上城市PM_{10}浓度（微克/立方米）
	10	地级及以上城市空气质量优良天数比例（%）
	11	地表水水质优良（好于Ⅲ类）比例（%）
	12	地表水劣Ⅴ类水体比例（%）
	13	地下水质量Ⅴ类以上比例（%）
	14	地级及以上城市集中式饮用水水源地水质达标率（%）
	15	重要江河湖泊水功能区达标率（%）
	16	县级及以上城市建成区黑臭水体比例（%）
	17	受污染耕地安全利用率（%）
	18	污染地块安全利用率（%）
	19	农膜回收率（%）
	20	化肥利用率（%）
	21	农药利用率（%）
	22	一般工业固体废弃物综合利用率（%）
	23	工业危险废物利用处置率（%）
	24	县级以上医疗废物无害化处置率（%）

一级指标	序号	二级指标
绿色经济	25	R&D经费支出占GDP比重（%）
	26	单位GDP能源消费（吨标准煤/万元）
	27	单位GDP二氧化碳排放（吨/万元）
	28	单位GDP用水量（立方米/万元）
	29	非化石能源占一次能源消费比重（%）
生态宜居	30	城镇生活污水集中收集处理率（%）
	31	城镇生活垃圾无害化处理率（%）
	32	农村生活污水处理和综合利用率（%）
	33	农村生活垃圾无害化处理率（%）
	34	城市公园绿地500米服务半径覆盖率（%）
	35	农村卫生厕所普及率（%）
	36	生态环境公众满意度（/）
	37	公众对生态文明建设参与率（%）
	38	生态文化遗产保护率（%）
	39	机动车公共交通出行分担率（%）
制度体系	40	领导干部自然资产离任审计覆盖率（%）
	41	生态环境信息公开率（%）
	42	环境信用评价中等以上企业占比（%）

5.5.3.3 美丽四川指标体系

对指标库中指标的筛选，按照国家发展改革委指标体系中所列指标原则上全部纳入或升级纳入、其他指标根据实际情况纳入的原则。在指标目标值选取方面，主要参考美丽浙江及国家相关规划、方案、意见等文件提出的目标值，结合四川省发展重点及资源禀赋，对美丽建设基础指标库中数据进行筛选及调整。一是剔除基础指标库中四川已基本实现或已完成的指标；二是剔除部分四川尚未开展且未来也无法进行考核统计的指标；三是调整部分指标表述，修改为四川目前的统计口径；四是为了避免指标体系过于繁杂，剔除衡量同一领域的部分指标。经过剔除和调整后，得到美丽四川基础指标体系如表5-4美丽四川建设基础指标。

表5-4　美丽四川建设基础指标

一级指标	序号	二级指标
生态空间	1	森林覆盖率（%）
	2	湿地保护率（%）
	3	水土保持率（%）
	4	生态质量指数（EQI）
	5	生态保护红线面积比例（%）
	6	自然保护地面积占陆域国土面积比例（%）
	7	重点生物物种种数保护率（%）
生态环境	8	地级及以上城市细颗粒物（$PM_{2.5}$）浓度（微克/立方米）
	9	地级及以上城市空气质量优良天数比率（%）
	10	国考断面地表水质量达到或优于Ⅲ类水体比例（%）
	11	县级及以上城市集中式饮用水水源地水质达标率（%）
	12	重要江河湖泊水功能区达标率（%）
	13	县级及以上城市建成区黑臭水体比例（%）
	14	重点建设用地安全利用
	15	受污染耕地安全利用率（%）
	16	农膜回收率（%）
绿色经济	17	研发经费投入强度（%）
	18	单位地区生产总值能源消费（吨标准煤/万元GDP）
	19	单位地区生产总值二氧化碳排放降低（%）
	20	非化石能源消费比重（%）
生态宜居	21	行政村生活污水有效治理比例（%）
	22	生活垃圾分类居民小区覆盖率（%）

一级指标	序号	二级指标
生态宜居	23	城市公园绿地服务半径覆盖率（%）
	24	农村卫生厕所普及率（%）
	25	公众对生态文明建设参与率（%）
	26	物质文化遗产保存完好率（%）
	27	300万以上城市市区公共交通占机动化出行比例（%）
制度体系	28	生态环境信息公开率（%）

　　除上述基础指标外，还需基于四川自身基础情况及外来发展重点，增添能充分体现未来四川生态文明及美丽中国建筑的指标。

　　1. 农村饮用水水源地水质达标率（%）

　　根据《四川省"十四五"饮用水水源环境保护规划》报告，四川省目前农村饮用水水源水质有待进一步提升，约有124个乡镇及以下集中式饮用水水源水质尚未达标。农村饮用水水源监管难度大，四川省乡镇及以下集中式饮用水水源数量较多，居全国第一，分布范围广，监管难度大。农村供水设施规模偏小，水质监测能力有待加强，分散式饮用水水源保护工作有待加强。强化农村饮用水水源地水质是四川"十四五"时期乃至中长期的重点任务之一，基于此增加"农村饮用水水源地水质达标率（%）"。

　　2. 城乡居民收入比

　　城乡居民收入比是反映城乡协调发展的重要指标。四川省地域辽阔、人口众多，经济发展不均衡现象明显，导致各地人均可支配收入差距明显，同时四川省强省会政策非常明显，成都市与其他城市发展差距较大。未来，随着四川城镇化深入发展，城市群及成渝地区双城经济圈的高速形成、扩张、填充与人口集聚，预计四川省经济发展不均衡现象未来会有所缓解，城乡居民收入比持续下降。

　　3. 清洁能源电力装机容量（亿千瓦）

　　"十四五"时期，四川省将加快构建清洁低碳安全高效能源体系，深化国家清洁能源示范省建设，推进水风光多能互补一体化发展。2021年，四川省水电装机容量超过8900万千瓦，居全国第一位，风电装机容量超过490万千瓦，光伏发电装机容量超过194万千瓦。目前，四川风能、太阳能等清洁能源仍有很大开发空间，全省技术可开发风能资源超1800万千瓦、太阳能资源达8500万千瓦。《四川省"十四五"能源发展规划》提出，到2025年，全省风电装机容量将达1000万千瓦，光伏发电装机容量将达1200万千瓦。对于四川而言，意味着在未来几十年能继续保持全国清洁能源第一大省地位。

4. 绿色低碳优势产业营业收入占规模以上工业比重（％）

四川省在未来将以稳妥有序推进碳达峰碳中和各项工作为目标，加快推动形成绿色低碳循环发展的经济体系。深入推进产业结构优化升级，研究制定钢铁、有色金属、化工、建材等重点领域碳达峰实施方案，加快推进工业领域低碳工艺革新和数字化转型。大力发展清洁能源、动力电池、晶硅光伏、钒钛、存储等绿色低碳优势产业。绿色低碳优势产业营业收入占规模以上工业比重指标可充分代表工业企业绿色低碳转型成效，确保稳步实现工业领域碳达峰碳中和目标。

5. 河湖岸线保护率（％）

作为"千河之省"，四川仅流域面积达50平方公里以上的河流就有2816条，各河流岸线总长度超20万公里。目前四川省水利厅印发了12个省级重要河湖《岸线保护与利用规划》，对四川省境内的长江（金沙江）、黄河、岷江、沱江、雅砻江、嘉陵江、大渡河、涪江、渠江、青衣江、安宁河等11条江河干流和泸沽湖，共计6755公里干流及河湖沿岸12509公里岸线河（湖）段进行了岸线规划，充分体现了"共抓大保护，不搞大开发"的战略导向。"河湖岸线保护率"是强化河湖水域岸线监管的重要抓手和依据，对深化河湖长制工作、提升行业影响、推进生态文明建设意义重大。

6. 文化及相关产业增加值占GDP比重（％）

四川传统文化渊源于独具魅力的古蜀文明。近年来，四川省委省政府坚持以习近平新时代中国特色社会主义思想为指导，大力推进传统文化传承创新。2020年，四川省文化新业态特征较为明显的16个行业实现营业收入790.8亿元，同比增长117.1%，增幅比全国高95个百分点，在西部地区文化产业发展稳居第一位。但在全国范围来看，与先进地区还有一定差距，支柱业态和支柱企业偏少，文化产业市场竞争力整体偏弱，部分市州的文化产业增长潜力还未充分释放。四川省印发的《建设文化强省中长期规划纲要（2019—2025年）》明确将实施文化产业高质量发展工程，把发展文旅经济作为经济增长的重要引擎、转型发展的重要动能、脱贫攻坚的重要支撑、人民幸福生活的重要指标。

7. **国家（省级）文化生态保护（实验）区（个）**

为传承和弘扬中华优秀传统文化，加强非物质文化遗产区域性整体保护，维护和培育文化生态，满足人民日益增长的美好生活需要，四川省基于非物质文化遗产资源，设立文化生态保护（实验）区。同时，四川省文化和旅游厅、省委宣传部、省发展改革委等12个部门联合印发《关于进一步加强非物质文化遗产保护工作的实施意见》，明确到2025年，全省建设不少于10个省级文化生态保护（实验）区，争创一个国家级非遗馆，到2035年，非遗保护工作水平和成效进入全国前列。文化传承作为美丽中国建设"内在美"的重要体现之一，将国家（省级）文化生态保护（实验）区数量纳入指标体系，可推动四川实现"遗产丰富、氛围浓厚、特色鲜明、民众受益"的目标。

8. **国家（省级）全域旅游示范区（个）**

四川省委省政府高度重视文化和旅游发展，把文化旅游作为事关长远的大事要事来抓，省委十一届三次全会提出加快建设文化强省、旅游强省和世界重要旅游目的地，《四川省国民经济和社会发展第十四个五年规划和2035年远景目标纲要》对文化和旅游发展作出了规划部署，提出促进巴蜀文化繁荣发展，推动文化旅游产业高质量发展，到2025年基本建成文化强省旅游强省。截至2022年，四川省共有国家全域旅游示范区8家，并列全国第一。国家（省级）全域旅游示范区作为旅游资源的重要载体，是美丽四川建设"外在美"的凝聚体现，也是四川面向全国展示美丽四川建设成效的主要窗口。

基于上述综合考虑，将基础指标（28项）及特色指标（8项）结合，按类别进行划分后，美丽四川规划指标共涵盖了魅力空间、锦绣家园、绿色经济、宜人环境、自然生态、巴蜀文化和治理体系七个方面，包括36项指标，见表5-5。

表5-5 美丽四川建设目标指标体系表

指标类	序号	指标	2020年	2025年	2030年	2035年
魅力空间	1	生态保护红线面积比例（%）	30.45	面积不减、功能不降、性质不改		
	2	自然保护地面积占陆域国土面积比例（%）	18	≥19	≥19	≥19
锦绣家园	3	城市公园绿地服务半径覆盖率（%）	80*	82	85	88
	4	300万以上城市市区公共交通占机动化出行比例（%）	69	70	80	85
	5	县级及以上城市集中式饮用水水源地水质达标率（%）	100	100	100	100
	6	农村饮用水水源地水质达标率（%）	80*	88	95	100
	7	生活垃圾分类居民小区覆盖率（%）	-	80	85	90
	8	农村卫生厕所普及率（%）	86	>90	持续上升	持续上升
	9	行政村生活污水有效治理比例（%）	58.4	75	持续上升	持续上升
	10	城乡居民收入比	2.40	2.30	2.15	2.00
	11	农膜回收率（%）	80.2*	90	95	97
绿色经济	12	单位地区生产总值二氧化碳排放降低（%）	-	完成国家下达目标	完成国家下达目标	完成国家下达目标
	13	单位地区生产总值能源消费（吨标准煤/万元GDP）	0.436	0.384	0.350	0.330
	14	清洁能源电力装机容量（亿千瓦）	0.88	1.3	持续上升	持续上升
	15	非化石能源消费比重（%）	38	42	完成国家下达目标	完成国家下达目标

指标类	序号	指标	2020年	2025年	2030年	2035年
绿色经济	16	绿色低碳优势产业营业收入占规模以上工业比重（%）	-	20	25	30
	17	研发经费投入强度（%）	2.17	2.40	持续上升	持续上升
宜人环境	18	地级及以上城市细颗粒物（PM$_{2.5}$）浓度（μg/m³）	32	29.5	28	≤25
	19	地级及以上城市空气质量优良天数比率（%）	90.7	92	94	≥96
	20	国考断面地表水质量达到或优于Ⅲ类水体比例（%）	94.5	97.5	100	100
	21	重要江河湖泊水功能区达标率（%）	90.3*	88-90	92	95
	22	县级及以上城市建成区黑臭水体比例（%）	2*	10以内	1以内	全面消除
	23	重点建设用地安全利用	-	有效保障	有效保障	有效保障
	24	受污染耕地安全利用率（%）	94	93	95	97
自然生态	25	森林覆盖率（%）	40	41	持续上升	持续上升
	26	重点生物物种种数保护率（%）	-	85	90	90
	27	生态质量指数（EQI）	-	稳中向好	稳中向好	稳中向好
	28	湿地保护率（%）	56	持续上升	持续上升	持续上升
	29	水土保持率（%）	77.7	＞78.5	≥80	≥81
	30	河湖岸线保护率（%）	-	持续上升	持续上升	持续上升
巴蜀文化	31	物质文化遗产保存完好率（%）	-	持续上升	持续上升	持续上升
	32	文化及相关产业增加值占GDP比重（%）	3.98*	5	持续上升	持续上升
	33	国家（省级）文化生态保护（实验）区（个）	1	10	持续上升	持续上升
	34	国家（省级）全域旅游示范区（个）	25	50	持续上升	持续上升

指标类	序号	指 标	2020年	2025年	2030年	2035年
治理体系	35	生态环境信息公开率（%）	-	100	100	100
	36	公众对生态文明建设参与率（%）	-	70	80	90

注：* 为 2019 年数据

第六章　勾勒如诗如画多姿多彩的美丽空间

6.1 以山为基，守护全域魅力空间

统筹雪域高原保护和发展，保护性开发盆周峻岭，立足壮美山川和特色文化优势，着力打造美丽高原，努力建设多彩"天府之国"。

6.1.1 呵护辽阔雪域高原

四川涵盖贡嘎山、岷山、巴颜喀拉山、工卡拉山、大雪山、沙鲁里山等山脉以及若尔盖、红原、理塘、石渠等高原草地。全面保护以高山草甸、雪山冰川为主的高原生态系统，加快推进若尔盖高原湿地重点生态功能区建设，建设雪山冰川国家公园，绘就雄伟雪山、斑斓彩林、碧绿草甸、晶莹海子的壮美山川。统筹整合高原自然风光、长征精神、民族文化等旅游资源，推进藏羌文化走廊建设，打造G317/G318中国最美景观大道、黄河天路国家旅游风景道、"重走雪山草地长征路"红色旅游廊道，建设"春赏花、夏避暑、秋观叶、冬玩雪"全域旅游目的地，打造晴空高远、云朵洁白、绿草连天、山花烂漫的最美高原。

6.1.2 匡护攀西阳光高原

涵盖大小凉山、安宁河谷、小相岭、锦屏山，推进大小凉山水土保持和生物多样性重点生态功能区建设，展现川西南山地峰峦叠嶂、层峦耸翠、逶迤伸展、千姿百态的大美形态。依托山高谷深、险峻巍峨、气候干热、阳光充沛的地域环境特征，推进安宁河谷综合开发，统筹水风光储一体化开发，加快形成以山体郊野公园、生态廊道为基底的生态园林绿地系统，建设既有"颜值"又显"气质"的康养、休闲、度假式"城市后花园"，发挥三线文化和少数民族风情文化特色，建设攀西文旅经济带和阳光生态经济走廊。

6.1.3 保护壮丽盆周峻岭

涵盖秦巴山脉、龙门山脉、邛崃山脉、大娄山等。以川滇森林生态及生物多样性、秦巴生物多样性重点生态功能区为重点，加强森林、河湖湿地保护和脆弱生态区修复，呈现连峰绝壁、雄险幽秀、峥嵘奇丽、清幽神秘的巴蜀山脉风光。围绕盆周山地，以秦岭—大巴山红叶、龙门山地震遗址、卧龙大熊猫、青城天下幽、峨眉天下秀、蜀南竹海为重点，串珠成链，实施保护性景观开发，充分结合当地人文景观，聚力打造独具一格的环盆地C环精品生态文化廊道。

6.1.4 呵护优美"天府之国"

涵盖成都平原、川中方山丘陵、川东平行岭谷区，以成都公园城市示范区建设为引领，开展全域森林建设，实施增绿添景、生态绿隔走廊、城市生态带建设，全面提升城市生态产品供给能力，打造望山依水的简约现代田园风光。围绕城乡融合发展和农业现代化，结合耕地保护与乡土文脉传承，依托川西林盘、川东民居等资源，以背山面野的田园休闲文化为形象，形成城乡空间布局适度集中、美丽城镇和美丽乡村交相辉映、美丽山川和美丽人居有机融合的空间格局。

6.2 以水为脉，打造多彩美丽河湖

加强河湖岸线、黄河源保护和修复，增强水安全保障能力，维护河湖健康，统筹推进山水林田湖草沙冰系统治理，持续营造江河安澜、河川秀丽的美丽河湖。

6.2.1 守护"千河之省"

构建"九廊、四带"美丽江河格局。以筑牢长江黄河上游生态屏障为核心，保护自然生态岸线，建设江河岸线防护林体系和沿江绿色生态廊道，突出九大流域特色塑造多彩江河带。建设黄河最美高原湿地风光带，统筹黄河源非遗保护和生态修复，高质量建设若尔盖国家公园和黄河国家文化公园。建设岷江、沱江、嘉陵江绿色发展示范带，持续改善生态环境，打造现代绿色产业体系。建设长江—金沙江、大渡河、雅砻江水风光储一体化清洁能源发展带，加强自然风光、特色产业、人文底蕴深度融合，建设国家重要的清洁能源基地。建设赤水河人水和谐示范带，加强一河两岸三省联动，建设绿色低碳可持续发展的美丽典范。

6.2.2 卫护美丽湖库

构建由高原天然湖泊区和平原丘区秀美湖库区构成的"两片多点"美丽湖库格局。大力保护川西北、攀西高原天然湖泊，以九寨沟长海、五须海、泸沽湖等为重点，统筹山水林田湖草沙冰系统治理，提升天然湖泊抗干扰和自我修复能力，建设生态廊道和环湖防护带，引导人口和产业有序退出，守护"倒影湖中奇丽景"的雪山圣湖水景。加强平原丘区湖库水环境生态修复和污染治理，强化湖库水资源保护，严格岸线保护，以升钟水库、黑龙滩、龙泉湖等为重点，发展湖库绿色产业，推进湖库公园、城市湖区、入湖湿地建设，塑造"人水和谐、碧波荡漾"的平原丘区湖库水景。

6.3 以人为本，塑造舒适生活宜居地

坚持以人民为中心，推进乡村生态振兴，统筹考虑城市功能提升和民生福祉，提升乡村风貌和建设品质，打造清洁美丽田园，充分利用独特资源禀赋，推动文旅融合，打造宜居城市。

6.3.1 优化美丽城镇布局

构建"一轴两翼三带"美丽城镇格局。以成都都市圈建设为核心，加快发展成渝主轴城市群，提升综合承载力和城市功能，打造高品质宜居典范区。建设川南、川东北两翼绿色生态城市组群，加强自然山体及原生地貌保护，推动长江干流、嘉陵江、渠江水岸共治，打造城在山中、水在城中、山水城相依相融的区域一体化山水城市群。坚持"适而美"，以大城市为主体、中小城市相间、小城镇点状分布，依托自然山体、河流水系以及公路、铁路，筑牢城镇发展的绿色安全廊道，塑造成德绵眉乐雅广西攀都市魅力城镇带、成遂南达丘区田园特色城镇带和攀乐宜泸沿江风光城镇带。

6.3.2 塑造山水田园相融合的美丽乡村形态

构建"因地制宜、分区推进、适度聚集"的乡村布局。盆周山区、川西地区结合地质灾害避险搬迁调整布局，丘陵山区结合农业生产有序合理扩大聚居规模，平原地区围绕城乡融合发展适度集聚布局。按照"小规模、组团式、微田园、生态化"建设模式，尊重乡村自然环境及生态规律，突出乡土特色和地域特点，加强传统村落建筑风貌保护和传承，注重传统文化与时代元素相融合，分类打造川西林盘、彝家新寨、藏区新居、巴山新居、乌蒙新村等美丽乡村。

6.3.3 守护文化艺术"胜地"

建设"一地四带多点"文化保护格局。加强世界文化遗产地保护，将

青城山葱茏幽翠、都江堰水沃西川、峨眉山风景秀丽的自然风光与自然人文景观有机融合，实施峨眉山—乐山大佛、青城山—都江堰世界遗产保护和展示利用提升工程，推动古蜀文明遗址（三星堆—金沙遗址）、丝绸之路南亚廊道申报世界文化遗产，塑造独具一格的自然人文美。依托独特资源禀赋，深化文旅融合，加强传统文化保护与传承，建设具有国际范、中国味、巴蜀韵的巴蜀文化走廊，联动建设长征红色旅游走廊、西南民族特色文化产业带（藏羌彝文化产业走廊）、茶马古道历史文化走廊。

6.4 实施空间分区管控，构建国土空间开发保护制度

加快产业结构调整、优化能源结构、夯实空间绿色管控、守牢总体生态环境管控要求，明确各区域差别化生态环境管控要求。焕发生态空间魅力、深化环境治理改革，为全地域、全领域建设美丽四川提供有力支撑。

6.4.1 加快划定生态—城镇—农业空间

研究划定四川省生态—城镇—农业空间，完成划定生态保护红线、永久基本农田、城镇开发边界三条控制线。四川省重点开发区包括成都平原、川南、川东北和攀西地区的89个县（市、区），以及与之相连的50个点状开发城镇，占全省面积20.7%。限制开发区包括农产品主产区和重点生态功能区两部分，共92个县（市）。农产品主产区包括盆地中部平原浅丘区、川南低中山区和盆地东部丘陵低山区、盆地西缘山区和安宁河流域五大农产品主产区；重点生态功能区主要包括若尔盖草原湿地生态功能区、川滇森林及生物多样性生态功能区、秦巴生物多样性生态功能区等，两者共计67个县，幅员面积占全省面积79.3%。禁止开发区包括该区域点状分布于城市化地区、农产品主产区、重点生态地区，全省共有禁止开发区域317处，总面积11.5万平方公里，占全省面积23.6%。

6.4.2 分区分类管控生态空间

在全省总体生态环境管控要求的基础上，根据五大经济区的区域特

征、发展定位和突出生态环境问题，明确各区域差别化的总体生态环境管控要求。

成都平原经济区。针对突出生态环境问题，大力优化调整产业结构，实施最严格的环境准入要求。加快地区生产总值（GDP）贡献小、污染排放强度大的产业（如建材、家具等产业）替代升级，结构优化。对重点发展的电子信息、装备制造、先进材料、食品饮料、生物医药等产业提出最严格的环境准入要求。岷江、沱江流域执行《四川省岷江、沱江流域水污染物排放标准》。优化涉危险废物涉危险化学品产业布局，严控环境风险，保障人居安全。

川南经济区。优化沿江、临城产业布局，明确岸线一公里范围内现有化工等高环境风险企业的管控要求。促进轻工、化工等传统产业提档升级，严控大气污染物排放。对区域发展产业提出高于全省平均水平的环境准入要求，对白酒产业和页岩气开发提出高水平的环境管控要求。岷江、沱江流域执行《四川省岷江、沱江流域水污染物排放标准》。针对内江、自贡等缺水区域，提高水资源利用效率，对高耗水项目提出最严格的水资源准入要求。

川东北经济区。控制农村面源污染，提高污水收集处理率，加快乡镇污水处理基础设施建设。建设流域水环境风险联防联控体系，提高大气污染治理水平。

攀西经济区。提高金沙江干热河谷和安宁河谷生态保护修复和治理水平。提高矿产资源综合利用率，加强尾矿库污染治理和环境风险防控。合理控制钢铁产能，提高钢铁等产业深度污染治理水平。

川西北生态示范区。限制工业开发等明显破坏生态环境的活动，严控"小水电"开发，合理控制水电、旅游、采矿、交通等建设活动，引导发展生态经济。保障区域重要生态功能和水源涵养功能，加强生态保护与修复，强化山水林田湖草系统保护与治理。

6.4.3 优化集约建设城镇空间

城镇化战略格局以"一核、四群、五带"为主体。其中"一核"指成都都市圈，"四群"指成都、川南、川东北、攀西四大城市群，"五带"指成德绵广（元）、成眉乐宜泸、成资内（自）、成遂南广（安）达与成雅西攀五条各具特色的城镇发展带。根据资源环境承载能力合理确定城市发展规模，支持中小城市逐步疏解大城市中心城区功能，缓解中心城市环境压力，推动城镇群建设向资源集约与高效利用方向转变。加强对城市现有山体、水系等自然生态要素的保护，构建大尺度生态廊道和网络化绿道脉络，合理引导城市空间布局和产业经济的空间分布。开展现有建筑绿色改造，积极推广绿色构建筑物，深入实施城市公园、绿道等绿色基础设施建设工程，逐步提高城市绿化率。加强生态园林城市系列创建工作，支持成都、宜宾、眉山等公园城市建设。

6.4.4 绿色高效发展农业空间

深入贯彻乡村振兴战略，统筹城镇和乡村发展，优化乡村生产生活生态空间，统筹谋划产业发展、基础设施、公共服务、资源能源、生态环境保护等主要布局，形成田园乡村与现代城镇各具特色、交相辉映的城乡发展形态。以树立山水林田湖草整体理念，加强对自然生态空间的整体保护，修复和改善乡村生态环境，提升生态功能和服务价值。把农村生态环境保护纳入各地乡村振兴战略。推动"美丽千村"行动，以温江、郫县、大邑、丹棱、武胜等县为试点，推动美丽乡村生态环境规划的编制工作，将环境保护理念纳入乡村规划设计中。

6.5 构建区域生态安全格局，筑牢生态安全屏障

以资源环境承载能力和国土空间开发适宜性评价为基础，推进区域生态环境保护，科学布局功能空间，统筹各类资源要素布局，筑牢生态安全

屏障，建设生态空间安全稳定、富有竞争力和可持续发展的美丽国土空间格局。

6.5.1 构建生态安全格局

加强重点生态功能区管护。制定国家重点生态功能区产业准入负面清单，制定区域限制和禁止发展的产业目录。加快重点生态功能区生态保护与建设项目实施，加强对开发建设活动的生态监管，保护区域内重点野生动植物资源，明显提升重点生态功能区生态系统服务功能。加强重点生态功能区转移支付范围与其他政策的衔接，将重点生态功能区转移支付政策深度融入中央区域协调发展、乡村振兴等战略部署中，实行"一盘棋"式推进。调整重点生态功能区转移支付资金管理方式，细化资金支出方向，建立资金管理清单，重点支持让生态产品保值增值、让"绿水青山"向"金山银山"转化的产业，推动重点生态功能区提升优质生态产品的供给和转化能力。

加强自然保护地保护。推进以国家公园为主体的自然保护地体系建设，整合现有各类自然保护地，对保护范围和功能分区进行科学调整。积极开展大熊猫国家公园体制试点，创新国家公园的管理体制，开展若尔盖等国家公园建设试点。实行自然保护地统一管理、分区管控，自然保护地内探矿采矿、水电开发、工业建设等项目有序退出。推进自然保护地勘界立标，做好与生态保护红线的衔接。大力推进镇（村）自然保护地融合发展，打造智慧自然公园，创新自然保护地生态价值实现机制，多方位促进自然保护地融合发展。实施"绿盾"自然保护区监督检查专项行动成效评估，对全省1252个自然保护区突出生态环境问题整改情况和生态恢复效果进行评估，识别其是否还存在重大生态环境问题并提出下阶段整改建议。

6.5.2 推进区域生态环境保护

协同推进成渝地区双城经济圈生态保护。以长江干流及其支流为重点，构建结构合理、功能稳定的沿江、沿河生态系统。建设巴蜀生态走廊湿地连绵带，实施湿地保护修复，打造立体湿地生态空间与人居环境优化协同共生典范。以秦岭—大巴山、龙门山—凉山等重要生态功能区为重点，继续开展天然林资源保护、林草适应气候变化行动，进一步巩固和提升退耕还林成效，加大中幼龄林抚育力度和低效林改造力度，建设一批国家储备林基地和环城森林带。实施生态退化区建设与修复，积极推进龙门山、川北丘陵低山等地区崩塌、滑坡等地质灾害防治，加强武陵山区以及平行岭谷等岩溶地区石漠化综合整治，分区分类推进嘉陵江、沱江等水土流失重点治理区治理。

积极开展成德眉资山水林田湖草一体化保护。推进自然生态空间联合保护，以龙门山—邛崃山、龙泉山、岷江、沱江等沿山沿江地区为重点，构建"两山两带"生态安全屏障。编制都市圈自然保护地规划，建立成德眉资自然保护地"一张图"，推动自然保护地评估，创新自然保护地建设发展机制和自然资源使用机制，构建科学合理的自然保护地体系。加强生物多样性保护，开展区域生物多样性本底调查与评估。加快矿山、水电开发迹地修复，围绕龙泉山—沱江流域及岷江流域开展废弃矿山治理、生态植被恢复、城市森林公园智慧监管体系建设，加强九顶山自然保护区磷矿迹地的生态恢复和瓦屋山小水电开发造成破坏的修复治理。

深入实施川西北地区山水林田湖草系统保护。强化湿地保护修复，系统规划、统筹推进若尔盖湿地国家公园建设，探索湿地保护和资源利用新模式，积极争取纳入国家公园体制试点。实施天然林保护、退耕还林、退化林修复、低效林改造、森林抚育和封育管护工程，有效提升森林质量。加强草原保护修复，开展退化草原和黑土滩专项治理，继续实施退牧还草、免耕补播、季节性休牧和划区轮牧，稳步推广减畜计划。加强金沙江、岷江、雅砻江和大渡河"三江一河"重点流域治理和水源涵养地保护。加强生物多样性保护，强化极小种群、珍稀濒危野生动植物、珍稀濒危水生生物以及其栖息地保护，严防有害生物危害。实施生态脆弱区综合治理工程，推进土地沙化、荒漠化治理和矿山迹地生态修复，继续在岷江、大渡河干旱河谷开展植被恢复示范试点，加强水土流失综合治理和地质灾害防治。

6.5.3 筑牢生态安全屏障

构建"四屏八带一环多点"生态屏障建设。加强长江黄河上游绿色屏障建设，加强川滇森林及生物多样性功能区、若尔盖草原湿地生态功能区、大小凉山水土保持生态功能区、秦巴生物多样性生态功能区四个国家重点生态功能区建设，提升水源涵养、生物多样性保护、水土保持等生态功能，筑牢长江黄河上游绿色屏障。加强水域生态廊道建设，重点以长江、金沙江、雅砻江、岷江—大渡河、嘉陵江、沱江、涪江、渠江等八大流域为骨架，其他支流、湖泊、水库、渠系为支撑的绿色生态廊道防护林体系，构建结构合理、功能稳定的沿江、沿河生态系统，保护生态岸线，增加城市群生态连通性，提高绿色廊道的生态稳定性、景观特色性和功能完善性。构建环城市群生态廊道，整合现有自然保护区、风景名胜区、森林公园等各类自然保护地，打造华蓥山—大巴山—龙门山—邛崃山—峨眉山—大凉山环四川盆地城市群生态公园环，整体提升盆地区域生态系统连通性和完整性，增强生态系统服务功能。

6.6 落实"三线一单"管控要求，严守底线生命线

深入推进生态环境分区管控落地实施，加强"三线一单"成果应用，加强生态保护监管，强化重点管控区多要素治理，完善生态保护红线配套措施，严密防控环境风险，严守生态安全底线。

6.6.1 落实"三线一单"管控要求

落实"一干多支、五区协同"的区域发展战略部署。立足五大经济区的区域特征、发展定位及突出生态环境问题，将全省行政区域从生态环境保护角度划分为优先保护、重点管控和一般管控三类环境管控单元。优先

保护单元指以生态环境保护为主的区域，主要包括生态保护红线、自然保护地、饮用水水源保护区等，应以生态环境保护优先为原则，严格执行相关法律、法规要求，严守生态环境质量底线，确保生态环境功能不降低。重点管控单元指涉及水、大气、土壤、自然资源等资源环境要素重点管控的区域，应不断提升资源利用效率，有针对性地加强污染物排放控制和环境风险防控，解决生态环境质量不达标、生态环境风险高等问题。一般管控单元指除优先保护单元和重点管控单元之外的其他区域，主要落实生态环境保护基本要求，建立全省统一的生态环境分区管控数据应用系统，将生态环境分区管控的具体要求、系统集成到数据应用系统，实现共建共享，动态更新。在2035年，建成完善的生态环境分区管控体系和数据应用系统。

6.6.2 推进配套管控措施

严格生态保护红线管控。生态保护红线按禁止开发区域的要求进行管理。严禁不符合主体功能定位的各类开发活动，严禁任意改变用途。落实各级党委和政府主体责任，强化生态保护红线刚性约束，建立生态保护红线管控和激励措施。实施生态保护红线保护与修复，以县级行政区为基本单元建立生态保护红线台账系统，制定实施生态系统保护与修复方案。优先保护良好生态系统和重要物种栖息地，建立和完善生态廊道。分区分类开展受损生态系统修复，改善和提升生态功能。加快研究制定四川省有关生态保护红线的政策法规及配套措施的建议，建立健全生态保护补偿机制，探索建立横向生态保护补偿机制。

完善生态保护红线配套措施。建立统一的生态保护红线监测网络和监管平台，实施分层级监管，实时监控人类干扰活动，及时发现破坏生态保护红线的行为，定期发布生态保护红线保护状况信息，提高生态保护红线管理决策科学化水平。建立生态保护红线监控体系与评价考核制度。

第七章　发展清洁高效低碳循环的绿色经济

7.1 优化产业布局与结构

以实现碳达峰、碳中和为目标大力发展绿色低碳优势产业，抢抓资源禀赋优势下的发展机遇，推动经济社会全面绿色转型，为美丽四川建设注入更加强劲的动能与活力。

7.1.1 优化产业布局

近年来，四川省工业结构持续优化，构建"5+1"现代产业体系的进程加快，电子信息、装备制造、食品饮料、能源化工等的比重进一步增加，轻重工业比例稳定。但是，区域发展不平衡、不充分、不协调仍然是四川省经济发展的突出特征，也是长期制约四川经济实现高质量发展的突出问题。四川省在做强"主干"的同时，也要发展"多支"。因此，更加需要统筹区域产业布局，推进市（州）产业错位发展、配套发展、协同发展，聚焦"5+1"支柱产业，前瞻性布局高端制造业和战略性新兴产业，推动新旧动能转换，构建适应产业结构高端化需求的、具有四川特色优势的"5+1"现代产业体系，推动工业高质量发展，着力打造支撑"一干多支、五区协同"的产业发展新格局，加快做大做强新的经济增长极。

7.1.1.1 成都平原经济区

成都平原经济区是四川省创新改革试验的先导区、现代高端产业的集聚区、西部内陆开放的前沿区、区域协同发展的样板区以及全面小康社会的先行区。区域重点发展电子信息、装备制造、先进材料、食品饮料产业和数字经济，建设全国重要的先进制造业基地，打造世界级新一代信息技术、高端装备制造产业集群和国内领先的集成电路、新型显示、航空航天、轨道交通、汽车、生物医药、新型材料等产业集群。

成都平原经济区针对突出生态环境问题，大力优化调整产业结构，实施最严格的环境准入要求。加快GDP贡献小、污染排放强度大的产业如建材、家具等产业替代升级，结构优化。对重点发展的电子信息、装备制造、先进材料、食品饮料、生物医药等产业提出最严格的环境准入门槛。岷沱江流域执行岷沱江污染物排放标准。优化涉危涉化产业布局，严控环境风险，保障人居安全。

表7-1 成都平原经济区各市产业布局及准入要求

市（州）	产业布局及准入要求
成都市	对电子信息、装备制造、先进材料、食品饮料、生物医药等重点发展的产业提出最严格的资源环境绩效水平要求； 优化产业结构，逐步清退排放强度大、GDP贡献小的产业（如家具、制鞋等）；加大能源结构调整，禁止燃用高污染燃料、提高清洁能源占比；针对现有火电、水泥、平板玻璃等大气污染排放量大的企业执行最严格排放标准和总量控制； 针对化工园区提出更严格的环境风险管控措施，研究制定绿色化工相应指标等要求； 工业企业单位GDP能耗对标国内先进水平及以上；工业园区污染能耗物耗水耗指标满足省级生态工业园区或更高要求等。
德阳市	对装备制造、磷矿开采、磷石膏利用、化工、电子信息、新材料等重点发展的产业提出严格资源环境绩效水平要求； 严控磷矿开采及磷化工产业规模，逐步消纳现有磷石膏存量，严控环境风险和地下水污染； 对园区外企业制定严格的环境管控要求，高风险企业退城入园，"散乱污"关转并停；

市（州）	产业布局及准入要求
绵阳市	对化工、电子信息、新材料、钢铁等重点发展的产业提出严格资源环境绩效水平要求； 对电子信息、化工等涉重企业含五类重金属（汞、镉、铅、砷、铬）的废水零排放，其它涉重废水深度处理，严控环境风险。 优化中心城区园区布局，严控城市上风向引入大气污染物排放量大的企业。
乐山市	对化工、水泥、陶瓷、造纸、铁合金等重点产业提出严格资源环境绩效水平要求； 岷江干流岸线1km范围不得新建、扩建化工园区和化工项目，现有存在违法违规行为的化工企业，整改后仍不能达到要求的依法关闭，鼓励企业搬入合规园区； 对城区影响大的水泥、陶瓷等大气排放量大的企业执行更严格总量控制和深度治理要求； 按照"一总部三基地"的产业布局要求，加快现有工业园区的优化整合。
眉山市	对电子信息、能源化工、造纸等重点发展的产业提出严格资源环境绩效水平要求； 调整中心城区范围内化工园区的产业定位及用地性质，提出中心城市上风向（观音承接产业园）的退出机制； 岷江干流岸线1km范围不得新建、扩建化工园区和化工项目，现有存在违法违规行为的化工企业，整改后仍不能达到要求的依法关闭，鼓励企业搬入合规园区；严控新建医药、农药、染料中间体、涉磷、造纸、印染、制革等项目； 全域禁止新建燃煤及生物质锅炉。
资阳市	安岳、乐至等农产品主产区，限制进行大规模高强度工业化城镇化开发，对农用地优先保护区严格控制有色金属冶炼、石油加工、化工、焦化、电镀、制革等，原则上不增加产能； 严控引入水污染排放量大的产业； 沱江干流岸线1km范围不得新建、扩建化工园区和化工项目，现有存在违法违规行为的化工企业，整改后仍不能达到要求的依法关闭，鼓励企业搬入合规园区。
遂宁市	新建、扩建增加重金属污染物排放的建设项目需满足区域重金属总量削减管控要求，对电子信息、电镀、化工等涉重企业含五类重金属（汞、镉、铅、砷、铬）执行严格的准入条件，严控环境风险； 与城市发展冲突的企业限期退出。
雅安市	限期完成小水电清理整顿； 汉源县、石棉县等重金属重点防控区新建、扩建增加重金属污染物排放的建设项目需满足区域重金属总量削减管控要求，并执行重点重金属污染物特别排放限值； 宝兴县、芦山县、天全县限制大规模高强度的工业化城镇化发展，控制对大熊猫公园的环境影响。

7.1.1.2 川南经济区

川南经济区是建设多中心城市群一体化创新发展试验区、老工业基地城市转型升级示范区、国家重要的先进制造业基地、长江上游生态文明先行示范、成渝经济区沿江和向南开放重要门户。区域重点发展食品饮料、先进材料等产业，打造世界级白酒产业集群，培育国内领先的食品饮料、精细化工、新材料等产业集群，建设全国页岩气生产基地。

川南经济区重点优化沿江、临城产业布局，明确岸线一公里范围内现有化工等高环境风险企业的管控要求。促进轻工、化工等传统产业提档升级，严控大气污染物排放。对区域发展产业提出高于全省平均水平的环境准入要求，对白酒产业和页岩气开发提出高水平的环境管控要求。针对内江、自贡等缺水区域，提高水资源利用效率，对高耗水项目提出最严格的环境准入要求。

表7-2　川南经济区各市产业布局及准入要求

市（州）	产业布局及准入要求
自贡市	对装备制造、能源化工等重点发展的产业提出严格资源环境绩效水平要求； 全面执行大气污染物特别排放限值； 严控废水排放量大的企业规模，中水回用率不低于20%； 沱江干流岸线一公里范围不得新建、扩建化工园区和化工项目，现有存在违法违规行为的化工企业，整改后仍不能达到要求的依法关闭，鼓励企业搬入合规园区。
泸州市	长江干流及沱江干流岸线一公里范围内，不得新建、扩建化工园区和化工项目，现有存在违法违规行为的化工企业，整改后仍不能达到要求的依法关闭，鼓励企业搬入合规园区； 对能源化工、白酒等重点发展产业提出严格资源环境绩效水平要求； 提高泸州港岸线利用效率，严控危化品航运环境风险； 泸天化等高环境风险企业退城入园； 涉及"长江上游珍稀、特有鱼类自然保护区"的区域，严格控制排放持久性有机物、涉重废水的企业。
内江市	对装备制造、电子信息、钢铁、建材等重点发展的产业提出严格资源环境绩效水平要求； 沱江干流岸线一公里范围内，不得新建、扩建化工园区和化工项目，现有存在违法违规行为的化工企业，整改后仍不能达到要求的依法关闭，鼓励企业搬入合规园区； 严控引入水污染排放量大的产业； 威远片区页岩气开发污染防治和环境管理等方面要达到国际先进水平； 加快威钢老厂区的退城入园。
宜宾市	长江干流及岷江干流岸线一公里范围内，不得新建、扩建化工园区和化工项目，现有存在违法违规行为的化工企业，整改后仍不能达到要求的依法关闭，鼓励企业搬入合规园区； 对白酒、能源化工、造纸、化纤等重点发展产业提出严格资源环境绩效水平要求； 提高宜宾港岸线利用效率，严控危化品航运环境风险； 涉及"长江上游珍稀、特有鱼类自然保护区"的区域，严格控制排放持久性有机物、涉重废水的企业； 长宁片区页岩气开发污染防治和环境管理等方面要达到国际先进水平。

7.1.1.3 川东北经济区

川东北经济区要以加快转型振兴为重点，培育建设以南充、达州为区域中心城市的川东北城市群，在"一干多支、五区协同"区域发展新格局中支撑作用更加明显。该区域发展定位为特色资源开发利用，承接产业转移，重点发展现代能源化工、装备制造等产业。

川东北经济区严控产业转移环境准入，预防产业转移带来大规模环境污染。

表7-3 川东北经济区各市产业布局及准入要求

市（州）	产业布局及准入要求
广元市	控制承接产业转移的规模； 对拟引入的家具、电解铝等产业污染治理和环境管理应达到国内先进水平。
南充市	对油气化工、丝纺服装、汽车汽配等重点发展的产业提出严格资源环境绩效水平要求； 严控涉重废水、含持久性有机污染物废水排入水产种质资源保护区。 嘉陵江干流岸线一公里范围内，不得新建、扩建化工园区和化工项目，现有存在违法违规行为的化工企业，整改后仍不能达到要求的依法关闭，鼓励企业搬入合规园区。
广安市	严控产业转移环境准入； 对化工、水泥、印染等重点发展的产业提出严格资源环境绩效水平要求； 嘉陵江干流岸线一公里范围内，不得新建、扩建化工园区和化工项目，现有存在违法违规行为的化工企业，整改后仍不能达到要求的依法关闭，鼓励企业搬入合规园区； 对城区影响大的水泥、火电等大气排放量大的企业执行更严格总量控制和深度治理要求。
达州市	对能源化工、钢铁等重点发展的产业提出严格资源环境绩效水平要求； 达钢等高污染企业限期退城入园； 普光气田开发污染防治和环境管理等方面要达国内先进水平。 严控产业转移环境准入； 对拟引入的造纸等产业污染治理和环境管理应达到国内先进水平。
巴中市	引入的产业污染治理和环境管理应达到国内先进水平； 合理控制并优化生态环境敏感区内的旅游开发活动。

7.1.1.4 攀西经济区

攀西经济区要大力发展资源深加工和应用产业，加快建设攀西国家战略资源创新开发试验区、现代农业示范基地和国际阳光康养旅游目的地。区域应依托矿产、水能和光热资源优势发展特色经济，加快产业转型升级，培育世界级钒钛材料产业集群。加强生态保护修复，筑牢长江上游重要生态屏障。

攀西经济区着力提高金沙江干热河谷和安宁河谷生态修复和治理水平。提高矿产资源综合利用率，加强尾矿库污染治理和环境风险防控；合理控制钢铁产能，高质量发展钢铁产业，提高钢铁等产业深度污染治理水平。

表7-4 攀西经济区各市产业布局及准入要求

市（州）	产业布局及准入要求
攀枝花市	对钢铁、钒钛等重点发展的产业提出严格资源环境绩效水平要求； 严控金沙江两岸现有化工园区及企业的环境风险，提高尾矿库及工业废渣的利用效率； 加强干热河谷生态恢复。
凉山州	加快小水电清理整顿，加强流域生态修复； 对钢铁、工业硅、铅锌冶炼、稀土、化工等重点发展的产业提出严格资源环境绩效水平要求； 提高尾矿库及工业废渣的利用效率； 加强安宁河干热河谷生态恢复； 对涉五类重金属（汞、镉、铅、砷、铬）的废水零排放，其它涉重废水深度处理，严控重金属污染和环境风险； 加强生态移民污染防控。

7.1.1.5 川西北生态示范区

川西北生态示范区发展定位为构筑生态屏障，发展生态经济。建成国家生态建设示范区，建设国际生态文化旅游目的地、国家全域旅游示范区、国家级清洁能源基地和现代高原特色农牧业基地。

川西北生态示范区限制工业开发等明显破坏生态环境的活动，严控"小水电"开发，合理控制水电、旅游、采矿、交通等建设活动，引导发展生态经济。保障区域重要生态功能和水源涵养功能。

表7-5 川西北生态示范区各市产业布局及准入要求

市（州）	产业布局及准入要求
甘孜州	合理控制生态旅游开发活动和规模，保障长江上游生态安全和生态屏障、水源涵养功能； 控制矿产开发规模，加强矿山生态修复和污染防范； 加快小水电清理整顿，加强生态修复与保护； 合理控制畜牧业发展规模。

市（州）	产业布局及准入要求
阿坝州	合理控制生态旅游开发活动和规模，保障长江上游生态安全和生态屏障、水源涵养功能； 严控沿江现有工业污染物排放和环境风险，保障饮用水源安全； 控制矿产开发规模，加强矿山生态修复和污染防范； 加快小水电清理整顿，加强生态修复与保护； 合理控制畜牧业发展规模，加强若尔盖草原等区域的石漠化、沙化的生态治理与恢复。

7.1.2 推进产业结构调整

7.1.2.1 落后产能淘汰退出

严格按照《产业政策结构调整指导目录》的类型和时限以及四川省相关文件要求淘汰落后产能。严控钢铁、水泥、煤炭、电解铝、平板玻璃等过剩行业新增产能，严格执行产能减量置换，新建项目产能技术工艺、装备水平和节能减排指标必须达到国内先进水平，必须是国家产业结构指导目录明确的鼓励类，必须满足区域污染物排放和产能置换总量控制刚性要求。同时向煤电、机械、化工、砖瓦、电镀、造纸、铸造、玻纤等其他行业扩展，建立主要行业淘汰落后能耗物耗限额、污染物排放等标准，倒逼竞争乏力产能退出，主要行业产能利用率保持在80%左右。

7.1.2.2 传统产业转型升级

大力推动食品、轻工、纺织、冶金、建材、机械、化工等传统领域的企业技术改造，加快向智能化、绿色化、高端化转型。深入推进工业企业清洁生产改造，包括造纸企业清洁生产改造、钢铁企业焦炉干熄焦技术改造、氮肥企业尿素生产工艺冷凝液水解解析技术改造、印染企业低排水染整工艺改造、制革企业鞣制技术改造等。

强化节水减污，对造纸、印染、酿造等重点行业实施行业取水量和污染物排放总量协同控制，火力发电、钢铁、石油炼制、氨纶、锦纶、皮革、食糖等高耗水行业达到工业用水定额先进值及以上。

强化节能减排，实施工业清洁化改造。加快燃煤锅炉淘汰和升级改造，深入推行30万千瓦及以上煤电机组、钢铁行业超低排放改造，深化水泥行业提标升级改造，加强砖瓦等建材行业污染治理。

7.1.2.3 新兴产业发展壮大

积极发展以新一代信息技术产业、高端装备制造产业、新材料产业、生物产业、新能源汽车产业、新能源产业、节能环保产业等为代表的战略性新兴产业，形成门类齐全、装备先进、富有活力的绿色产业体系，培育绿色经济增长源。

加快发展清洁能源产业，强化水电、页岩气、风电、太阳能光伏发电等清洁能源开发的生态环境保护，统筹优化页岩气区块水资源利用方案、钻井废水、压裂返排液回用方案，提高回用水率，从源头减少废水产生量，提高页岩气开发清洁生产水平。大力推行制造业绿色生产，推进装备制造、汽车生产使用高固体分、粉末涂料、水性漆；提高生物医药、新材料生产中有机溶剂回收率，推行低 VOCs 含量或低反应活性的溶剂、溶媒；优化信息产业的高精度加工及清洗工艺，大力推行中水回用，减少废水排放量；积极培育环保产业集群和龙头企业，通过引资引智、兼并重组等方式做大做强环保产业，加快培育环保产业集群，建设国家重要的节能环保产业基地。

7.2 推动产业发展转型升级

改革开放之后很长一段时期内，四川经济以传统产业为基础和特色，以白酒、竹浆造纸、水泥、钢铁、火力发电等为代表的传统产业在做出重大经济贡献的同时，也消耗了大量资源，其排放的废水、废气、废渣造成了四川省域内的水环境污染、大气污染和固体废弃物污染。这些传统产业发展模式和粗放的生产方式所造成的环境污染已严重制约四川经济的可持续发展，成为省域内环境治理所必须解决的问题。近年来，随着资源环境约束的凸显，各种要素成本的上升，外贸出口下滑，四川传统产业面临严峻的挑战。为此要将传统污染行业转型升级，以推动环境治理和经济可持续发展。

7.2.1 用"两化"融合提升传统产业

从产业集群、重点行业和企业三大层面,实施工业化与信息化"两化"融合工程,深化信息技术在传统产业中的应用,发挥信息技术在产业升级中的"助推器"作用。一是在产业集群层面,加强共性技术的研发和应用,推广一批具有行业特色的工业软件和信息化解决方案;支持建立信息化服务平台,提供产品设计、质量检测、行业数据库共享等服务;完善信息化基础设施,为产业集群"两化"深度融合提供基础支撑和保障。二是在重点行业层面,加强行业信息技术推广,推广一批具有行业特色的信息化系统,总结推广行业信息化与工业化融合专项行动成功经验,推进装备制造、钢铁、水泥等传统产业的"两化"融合,建设一批"两化"融合产业示范基地。三是在企业层面,围绕产品研发、设计、生产过程控制、企业管理、市场营销、人力资源开发、新型业态培育、企业技术改造等环节,加大信息技术在关键环节的融合渗透,加快企业管理软件的应用普及,促进企业信息资源的开发和应用,积极发展企业电子商务,提升企业管理效率和管理水平;通过网络平台建立实时交易动态观测系统,为相关企业提供最新的消费信息,帮助企业及时把握产品销售趋势,使产品设计更加符合市场需求;为企业提供新的商业模式,通过提供销售平台、营销、支付、技术等全套服务,帮助企业开拓内销市场、建立品牌。

7.2.2 推进产业园区循环化发展

一是开展节能、节水、节材、节地等工作,建立和完善再生资源回收利用体系,提高资源综合利用水平,以尽可能少的资源消耗和环境代价,取得最大的经济产出和最少的废物排放。二是把科技创新作为循环发展的强大动力,全面推进科技创新,加强产学研合作,加快资源高效和循环利用技术研究开发,为加快循环经济发展提供科技支撑。三是把重点突破和示范带动作为发展循环经济的主要方式,大力推进循环经济发展重点领域和重点项目建设,加快建设循环经济示范企业、示范园区、试点基地和产业集聚区，以示范试点带动全省循环经济整体推进，从生产、流通、消费、回收再利用等各个环节全面推进循环经济发展。四是把政府引导、企业主导、社会倡导作为循环化发展的基本途径，政府引导推动企业在循环经济领域的创业创新，利用市场机制调动各方面参与循环经济发展的积极性，倡导文明生活方式和绿色消费模式，形成发展循环经济的良好社会氛围。

7.2.3 推动企业清洁化转型升级

推进清洁生产是建设资源节约型、环境友好型社会的重要举措。一是新建企业要严格资源节约和环境准入门槛，制定分行业、分领域绿色评价指标、评估方法及奖励办法，推广统一的绿色产品标准、认证、标识体系。二是重点支持高污染、高耗能、高耗水企业实施节能环保、清洁生产、资源综合利用等技术改造，组织实施钢铁、水泥、化工等传统制造业清洁生产等专项技术改造。开展重大节能环保、资源综合利用、再制造、低碳技术产业化示范。三是实施成都平原、川南片区、攀西经济区等重点区域，岷江、沱江、嘉陵江等重点流域清洁生产水平提升计划，扎实推进大气、水、土壤污染源头防治专项。

7.2.4 促进高效生态现代农业发展

长期以来，传统农业的发展仅仅局限于农业部门内部，农业发展受到极大局限。随着经济发展，不同产业关联度大大增强，农业不可能按照传统的方式继续发展下去，必须转变发展方式，用现代工业、商业、金融、生态的理念推动农业向现代农业转变。一是积极推进现代农业园区和粮食生产功能区建设，规模化、产业化生产经营农业；二是借鉴生态理念，大力推广节地、节水、节肥、节药、节种、节能的种养技术，发展低投入、低消耗、低排放、高效益的生态循环农业；三是推动农村废弃物再利用，加大农业污染防治力度，加强生态环境保护，变粗放型、污染型农业为资源节约型和环境友好型农业；四是借鉴现代工业理念，适应大市场的需求，加快现代农业园区建设，大力扶持发展农产品加工和配套型企业，推进农业区域化布局、专业化生产、产业化经营、社会化服务，从根本上解决分散化的小生产与社会化的大市场的矛盾。

7.2.5 促进现代化服务业发展

服务业发展的水平是衡量一个国家和地区现代化程度的重要标志，也是反映地区综合实力的重要内容。一是要制定出台促进服务业发展的相关配套政策，确立服务业重点行业，实施服务业重大项目，推进服务业集聚示范区建设发展；二是优化服务业发展的市场环境，降低服务业企业出资最低限额，公共部门为本领域实行市场化经营的服务行业放宽市场准入、清理进入壁垒；三是调动各地发展服务业的积极性，鼓励发展服务业尤其是现代服务业，优化财政收入结构，根据各县市营业税目标的完成情况给予奖惩，奖惩资金用于扶持发展现代服务业；四是实施对工业企业分离发展服务业的鼓励政策，发展面向生产的服务业，促进现代制造业与服务业有机融合、互动发展；五是优先发展运输业，提升物流的专业化、社会化服务水平。

7.2.6 培育战略性新兴产业

战略性新兴产业是新兴科技和新兴产业的深度融合，是经济增长的主动力之一，具有战略引导性、长远性等特征，关系到国民经济发展和产业结构优化升级。一是制定战略性新兴产业培育方案，围绕战略性新兴产业，重点发展新一代信息技术、新能源、生物与现代医药、智能装备制造、节能环保产业、海洋新兴产业、新能源汽车、新一代信息技术和物联网产业、新材料产业和核电关联产业等新兴产业；二是围绕主导新兴产业设立产业特色鲜明的高新园区，着力打通产业链，推动新兴产业的垂直整合，设立专项资金用于扶持战略性新兴产业发展和新兴产业领域相关企业的科技创新和人才引进培育。

7.2.7 推动绿色矿山建设

一是在提高资源利用效率方面，要提高矿产资源开采回采率和选矿回收率，引导和强制矿山企业切实提高矿产资源采选水平，探索矿产资源税费征收与储量消耗挂钩的政策措施等，促进矿产资源节约开发；要求企业加强低品位、共伴生矿产资源的综合利用，提高资源利用效率；提高矿山固体废弃物、尾矿资源和废水利用效率，减少能源消耗和环境污染；以矿山企业为主体实施循环经济发展示范工程，推进矿产资源综合开发利用。二是在矿山地质环境恢复治理，新建矿山和生产矿山按照"谁破坏，谁治理"的原则，严格执行"三同时"制度，及时履行矿山环境恢复治理义务，并缴纳矿山环境恢复治理保障金。国土资源行政主管部门加强对采矿权人履行矿山地质环境恢复治理义务情况的监督检查，加大矿山地质环境保护和治理力度，实施矿山地质环境恢复治理重点工程，重点开展矿山采空区地面塌陷等环境问题治理，改善矿区及周边地区生态环境。三是在矿区土地复垦方面，通过严格实施土地复垦方案、加强复垦土地权属管理、实施矿区土地复垦重点工程等，积极推进矿区土地复垦。四是在监督管理方面加强监管，对不符合最低开采规模标准、资源破坏浪费严重的生产矿山进行整改联合，依法关闭无证开采、浪费资源、不具备安全办矿条件的矿山企业。

7.3 推动生活方式绿色化

加大生态文明思想的宣传推广，强化生态文明社会责任意识教育。积极推进清洁生产、绿色包装、绿色采购等绿色消费行为，将低碳生活理念逐渐融入日常生活。

7.3.1 强化宣传教育

强化对生活方式绿色化的宣传教育。深入开展绿色生活"十进"活动（进家庭、进机关、进社区、进学校、进企业、进商场、进景区、进交通、进酒店、进医院）；充分发挥传统媒体和新兴媒体的作用，广泛宣传我国资源环境国情和环境保护法律法规；同时积极利用世界环境日、世界地球日、森林日、水日、海洋日、生物多样性日、湿地日等节日集中组织开展环保主题宣传活动，大力宣传绿色发展全民行动、绿色生活方式、绿色消费等价值理念，使生态文明成为社会主流价值观。到2025年，大幅提高公众生态文明社会责任意识，使生态文明成为公众的行为纲领；到2035年，全省公众环保意识、节约意识、生态意识显著提升，生活方式和消费模式向绿色低碳、勤俭节约、文明健康的导向转变，形成人人、事事、时时崇尚生态文明的社会新风尚。

充分发挥绿色典型示范的引领拉动作用。按照发改委《绿色生活创建行动总体方案》（发改环资〔2019〕1696号）的要求部署，积极开展节约型机关、绿色家庭、绿色学校、绿色社区、绿色出行、绿色商场、绿色建筑等创建行动和生活垃圾分类收集和处理示范行动。树立并表彰节约消费榜样，激发全社会践行绿色生活的热情。到2025年，完成各类绿色创建的行动目标，并通过绿色创建树立全社会绿色生活与消费新风尚。到2035年，进一步提高节约型机关、绿色家庭、绿色学校、绿色社区、绿色出行、绿色商场、绿色建筑的创建比例。

7.3.2 倡导绿色消费

推进清洁生产。 引导企业采用先进的设计理念，使用环保原材料，提高清洁生产水平。进一步完善环境标志产品认证工作，拓展纳入认证的产品范围、提升认证标准、规范认证体系，推动对严重污染大气环境的工艺、设备和产品实行淘汰制度。到2025年，重点行业完成100%清洁生产审核，到2035年，一般行业逐步完成自愿性清洁生产审核。

推进绿色包装。 加强对包装印刷企业的环境整治力度，引导企业采用环保原材料，提升印刷全过程VOCs防治水平，加强包装印刷废物妥善进行无害化处理的力度。推动包装减量化、无害化，鼓励采用可降解、可循环利用的包装材料，促进绿色包装材料的研发和生产，推动淘汰难降解、健康风险大的包装材料。鼓励网上购物绿色包装，引导有关行业协会组织电商企业开展网上购物绿色包装自律行动。到2025年，绿色包装生产、流通、消费和回收处置等环节的管理制度的基本建立；到2035年，基本实现绿色包装全覆盖。

促进绿色采购。充分发挥政府绿色采购的带动与示范作用，优先在企事业单位实施绿色采购，构建绿色供应链，加大对绿色环保企业产品与服务的采购力度。健全政府绿色采购相关规定与标准，鼓励使用"环保领跑者"产品。到2025年，政府绿色采购比例达到90%，企事业单位绿色采购比例显著提高；到2035年，政府、企事业单位绿色采购比例进一步提高。

7.3.3 推进低碳节约生活方式

倡导光盘行动。大力推行光盘行动，拒绝"舌尖上的浪费"。在成都市开展提醒警示制度和节约奖励机制试点，引导理性点餐文明就餐，开展督查劝导活动，批评曝光不文明餐桌行为。在全省范围内建立健全食堂管理标准，细化厉行节约制度措施，动员公众主动参与"光盘打卡"活动。发布餐饮行业避免餐饮浪费行为倡议书，鼓励餐饮行业创新经营模式，推出"光盘"优惠券、"半份菜""小份菜""拼菜"、打包服务、大型聚餐主食和汤品自助等精细化服务。鼓励餐饮行业减少一次性餐具的使用，更多提供可降解打包盒。推动餐饮企业对餐厨垃圾实施分类回收与利用。

积极开展一次性餐具整治行动。加快制定《一次性餐具整治行动计划》，开展针对一次性餐具的制造企业、餐饮服务、公众消费行为的整顿运动，制定更严格的行业规范标准，推动一次性碗筷、杯具等可回收化、可降解化，全面淘汰不可回收、不可降解的一次性餐具。引导景区、饭店、公众行为，实施一次性餐具减量行动，提出饭店堂食一律不提供一次性餐具，公众尽量少使用一次性餐具等约束规范。力争到2025年，可回收、可降解的一次性餐具市场占比达100%，一次性餐具使用量下降20%；到2035年，一次性餐具使用量进一步下降。

深入开展全社会反对浪费行动。着力整治以奢华包装为代表的奢靡之风，在端午、中秋、春节等重要节日期间，以粽子、月饼、红酒、茶叶、杂粮、化妆品等商品为重点，开展定期专项检查，加大市场监管和打击力度，严厉整治过度包装行为。在政府机关和国有企事业单位食堂实行健康科学营养配餐，条件具备的地方推进自助点餐计量收费，减少餐厨垃圾产生量；餐饮企业应提示顾客适当点餐，鼓励餐后打包，合理设定自助餐浪费收费标准；提倡家庭按实际需要采购加工食品，争做"光盘族"。严格执行党政机关厉行节约反对浪费条例，严禁超标准配车、超标准接待和高消费娱乐等行为，细化明确各类公务活动标准，严禁浪费。

鼓励低碳出行。倡导低碳环保共享出行，大力发展城市公共交通，提高公共交通出行比例。加快新能源汽车推广应用，大力推进公交运输装备绿色化。加强机动车污染防治，严格执行机动车大气污染物排放标准。在重污染天气等特殊情况下，通过电视、广播、网络、短信等途径指导公众减少机动车使用。优化公共自行车布点，设计城市健身步道，方便公众选择自行车出行或步行。加快制定四川省旅游出行绿色化倡议书，倡导绿色低碳出游。力争到2025年，形成健全的绿色交通与出行服务体系，中心城区绿色出行比例达到70%以上；到2035年，形成生产生活生态相协调的绿色交通体系，绿色出行比例进一步提高。

实施垃圾分类。制定四川省垃圾分类考核办法，强化目标责任制考核。编制垃圾分类指导手册，设立便民投放点，引导公众自觉分类投放生活垃圾。加强垃圾分类配套体系建设，合理布局可再生资源回收网点，建立与分类品种相配套的收运体系，完善与垃圾分类相衔接的终端处理基础设施。积极推动垃圾分类智慧化管理，探索"定点定时"投放和清运试点，以市场化机制创新垃圾分类回收模式。到2025年，全省普遍建立以"可回收物、厨余垃圾、有害垃圾和其他垃圾"作为基本类别的生活垃圾分类制度，市辖城区基本建成生活垃圾分类处理系统，生活垃圾回收利用率达到35%以上；到2035年，全面建立城市生活垃圾分类制度，公民垃圾分类意识普遍形成，生活垃圾分类达到国际先进水平。

电子商务低碳物流与包装回收工程。一是建立电商城市内运输车辆电动化工程，推进各物流公司实施城市内运输车辆改用新能源货车，合理布局运输车辆充电桩，政府统一规划布局，各公司共建共享。二是建立完成分类、回收、再利用体系，包括分类基础设施建设、分类垃圾桶、提醒标识、分类回收物流体系、回收资源化体系等建设。到2025年，推动电商行业城市内运输车辆中新能源车占比达到50%；电商行业包装回收率达到35%；到2035年，新能源车占比、电商行业包装回收率进一步提高。

第八章 打造清水绿岸鱼翔浅底的优美风景

8.1 水环境质量现状与形势

四川省坚持以水污染治理为核心提升水环境质量，以水系连通为重点科学配置水资源，以水生态修复为突破提升河湖健康程度，目前，近70%的河流水质达到Ⅱ类及以上水平，"百江千河碧水流"的美好画卷逐渐清晰。

8.1.1 水环境质量现状

根据2015—2021年《四川省生态环境状况公报》及2015—2021年《四川省水资源公报》显示，四川省"十三五"期间水环境质量与水生态安全方面总体向好，水污染防治体系不断健全，但仍存在部分断面污染物超标、水资源分布不均、城乡基础设施建设运营困难及水环境风险隐患增加等问题。

各流域断面水质总体优良，全面消除无劣V类水体。2015—2021年，四川省优良水质断面比例呈现先降低后升高趋势，2013—2016年间达到或优于地表水Ⅲ类水质断面比例从74.55%下降至65.45%，2017年后整治成效显现，水质有所改善，达到或优于地表水Ⅲ类水质断面比例上升至67.27%。截至2021年，在十三大流域中，长江（金沙江）、雅砻江、安宁河、赤水河、岷江、大渡河、青衣江、嘉陵江、涪江、渠江、黄河流域水质总体为优，沱江、琼江水质总体良好。2021年，全省地表水水质总体优。在343个地表水监测断面中，Ⅰ～Ⅲ类水质断面325个，占94.8%；Ⅳ类水质断面18个，占5.2%；无V类、劣V类水质断面。污染指标为化学需氧量、总磷、高锰酸盐指数和氨氮。

地下水环境质量整体稳中向好，水质持续改善。2019年四川省纳入国家考核的33个（原34个国家考核点中有1个于2019年初因城市建设被毁）地下水监测点中，水质优良点3个，水质良好点14个，水质较差点15个，水质极差点1个。2021年，开展监测的82个地下水国控点位中，Ⅰ～Ⅲ类水质监测点占64.6%，Ⅳ类水质点位占比28.1%，V类水质点位占比7.3%。主要超标指标为硫酸盐、总硬度和溶解性总固体。

湖泊水库水质总体优良，营养富集情况亟待加强关注。全省共监测14个湖库，泸沽湖为Ⅰ类，水质优；邛海、二滩水库、黑龙滩水库、紫坪铺水库、三岔湖、双溪水库、沉抗水库、升钟水库、白龙湖、葫芦口水库为Ⅱ类，水质优；瀑布沟、老鹰水库、鲁班水库为Ⅲ类，水质良好。9个湖库总氮为Ⅰ～Ⅲ类；瀑布沟、双溪水库、升钟水库、葫芦口水库受到总氮的轻度污染；老鹰水库受到总氮的中度污染。8个湖库进行了粪大肠菌群的监测，均为Ⅰ～Ⅲ类。邛海、泸沽湖、紫坪铺水库为贫营养，二滩水库、黑龙滩水库、瀑布沟、老鹰水库、三岔湖、双溪水库、沉抗水库、鲁班水库、升钟水库、白龙湖、葫芦口水库为中营养。

各级别集中式饮用水水源地水质达标率较高，丰水期饮用水安全需提升关注。地级及以上城市集中式饮用水水源地，21个市（州）政府所在地城市，48个在用集中式饮用水水源地48个断面（点位）所测项目全部达标（达到或优于III类标准），达标率100%。全年取水总量227501.6万吨，达标水量227501.6万吨，水质达标率100%。县级集中式饮用水水源地，21个市（州）140个县（市、区）政府所在地的220个城市集中式饮用水水源地开展了监测，共监测断面（点位）223个（地表水型191个，地下水型32个），所测项目全部达标（达到或优于IⅢI类标准），达标率100%；取水总量171068.7万吨，达标水量171068.7万吨，水质达标率为100%。乡镇集中式饮用水水源地，21个市（州）167个县开展了乡镇集中式饮用水水源地水质监测，共监测2577个断面（点位），其中地表水型1773个（包括河流型1228个、湖库型545个），地下水型804个。按实际开展的监测项目评价，2446个断面（点位）所测项目全部达标，断面达标率为94.9%，同比提高1.3个百分点。城市和农村饮水，全省检测的4541份城市水样合格率为95.75%，较2020年（92.35%）上升3.4个百分点，其中，市政供水总体合格率为95.92%，高于自建设施供水合格率（91.79%）。全省检测的18219份农村水样合格率为72.37%，较2020年（68.01%）上升4.36个百分点，其中，大型集中式供水合格率83.1%，小型集中式供水合格率67.06%和分散式供水合格率50.99%。

水体污染物中COD、氨氮、总磷情况亟需关注。基于全省污染物及贡献源分布分析，2017年，全省COD、氨氮主要来源为城镇生活，占全省入河总量的66.35%、61.7%，其次为农业种植，占全省总量的13.61%、20.99%；总磷主要入河来源为城镇生活，占44.15%，其次为畜禽养殖，占35.57%。各流域中，长江（金沙江）、雅砻江、安宁河、岷江、大渡河、沱江、嘉陵江、渠江三类污染物入河贡献最大的污染源为城镇生活；涪江、青衣江流域对COD、氨氮入河贡献量最大污染源为城镇生活，对总磷入河贡献量最大的污染源为畜禽养殖；黄河流域（四川）对COD、总磷入河贡献量最大的污染源为畜禽养殖，对氨氮入河贡献量最大的污染源为城镇生活。

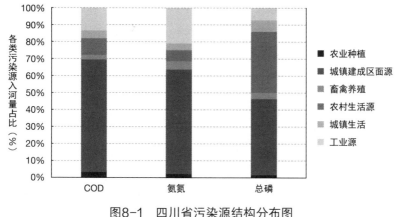

图8-1 四川省污染源结构分布图

8.1.2 水污染防治与水生态保护成效

全面落实河（湖）长制。四川省省委书记王晓晖、省长黄强共同担任总河长，全省设立省、市、县、乡、村五级河长湖长10万余名，由7万余人担任，各级河（湖）长巡河巡湖44万余次，整改河湖问题40余万个。印发了《沱江流域水污染防治规划》《岷江流域水污染防治规划》，全省出台河（湖）长制工作方案及对应"一河一策"方案4531个。

实施流域污染综合治理。印发《〈水污染防治行动计划〉四川省工作方案》，对"水十条"重点工作实行挂图作战，定期通报全省水质情况，同时对工作推进滞后市（州）采取预警、约谈等措施，确保任务全面落实。全面推动水污染治理项目建设，沱江流域已落实水污染治理PPP项目接近200亿元，污染防治"三大战役"集中开工水污染防治项目494个，总投资约1063亿元。强化工业污染治理和减排，全面完成涉及造纸、印染、炼焦、炼油、电镀等行业375家"十小"企业取缔工作，完成造纸、钢铁、氮肥、印染、制药、制革六大行业59家企业清洁化改造。开展入河排污口规范整治集中专项行动，全省共排查出入河排污口10549个，完成整改6529个。编制完成全省重要江河湖泊水功能区水域纳污能力及限制排污总量报告。

提升饮用水安全保障水平。全省41个地级及以上和211个县级集中式饮用水水源地全部完成规范化建设，在3136个乡镇饮用水源地中，完成保护区划分比例93%。印发实施《四川省打好饮用水水源地环境问题整治攻坚战役实施方案（2018—2020年）》，完成全省县级及以上249个集中式饮用水水源地环境问题整治，50个全国重要饮用水水源地安全保障达标建设全面完成。

大力整治城市黑臭水体。全省排查出城市黑臭水体101个，长度约360公里，截至目前整治完成82个，占比81%。其中，四川省省会城市成都市已按要求完成全部治理任务。

8.1.3 问题与成因

经过"十三五"水污染防治工作的积极推进，全省水环境质量有所改善。结合2015年基本建成美丽中国的相关要求，四川省水生态环境保护不平衡不协调的问题依然突出，水污染防治工作仍然十分艰巨、形势依然严峻。

从2021年的环境质量整体情况来看，一是部分断面水质考核达到优良水体标准任务艰巨。目前仍存在5.2%的Ⅳ水体断面，主要集中在岷江（3个Ⅳ类水质断面）和沱江（7个Ⅳ类水质断面）；二是黑臭水体整治成效明显，但生态环境基础设施建设短板尚未根本补齐。地级城市建成区黑臭水体整治已基本完成，但是由于乡镇污水处理设施及配套管网建设滞后，一些支流及小流域黑臭水体仍然存在；三是小流域环境问题依然突出，其中岷江水系江安河、新津南河、毛河、体泉河，沱江水系九曲河、球溪河、阳化河、濑溪河，涪江水系的凯江、琼江受到不同程度污染；四是生态流量缺乏有效保障，省内多条支流、小流域枯水期受流量的影响，自净能力较差，难以保证水质稳定达标；五是全国重要水功能区环境风险仍存。依据全因子对纳入全国重要水功能区断面的评价，2021年达标水功能区285个，达标水功能区284个，达标率达到99.65%；六是水环境风险隐患较多。地表水饮用水水源地保护区范围内道路穿越情况依然存在，而持久性有机污染物、环境内分泌干扰物、抗生素等微量有机污染物问题日益凸显。

具体地说，包括以下问题与挑战。

8.1.3.1 水环境问题

（1）入河排污口监管

一是缺乏科学、统一的布局规划，影响水功能区水质管理目标和用水安全。已设排污口位置不合理，其废污水排放与划定的水功能区管理要求不相适应，影响水功能区水质管理目标和用水安全；部分排污口未按照设置审批要求办理合法手续，存在废污水未经处理直接排放或不达标排放的情况。

二是排污口监测体系尚未建立。排污单位污水处理设施的污水排放在线监测设备尚未纳入监测管理系统中，信息共享机制有待建立，其中安宁河、大渡河、青衣江、涪江等入河排污口情况需进一步核查，部分入河排污口未落实监督性监测。

三是监督管理执法能力有待进一步提升。入河排污口的监督检查和执法受到技术、装备、人员等方面的制约，原有地方水行政部门执法人员缺乏，业务素质有待进一步提高，行政联合执法监督机制尚未完全形成，不能满足强化管理的需要。

（2）工业污染

一是四川省有色金属矿产资源丰富，有色金属矿产开发利用企业数量多、分布广，企业生产过程中会产生重金属污染物及大量固体废弃物，可能通过降雨及雨污管网形成面源或点源污染，对下游水质及水生生物造成影响，从而使得流域区域水环境风险突出，主要集中于安宁河（其干流重金属排放主要来自铅锌冶炼）、青衣江流域。

二是流域内工业园区及传统产业布局影响，结构性污染突出、分布相对集中，主要位于金沙江—长江干流宜宾、泸州段；长江流域内仍存在小型造纸、制革、印染、染料、炼焦、炼硫、炼砷、炼油、电镀、农药和磷化工等"10+1"重污染行业，主要集中于长江（金沙江）、沱江等流域。

三是工业园区（集聚区）污水集中处理设施建成率低、运维能力差，部分企业污染治理设施水平低下，工业污染治理设施建设滞后。流域内大部分工业企业都已建污水处理设施，但部分设施运行不正常甚至闲置，且存在园区污水管网不配套、污水处理工艺不合理、工业废水水量水质波动大问题，导致污水不达标排放，在岷江、沱江、嘉陵江、渠江与涪江流域普遍存在。

四是磷化工企业基础设施建设滞后，循环冷却外排水监管缺失，在监管薄弱情况下，少数企业受利益驱动存在废水偷排漏排等违法行为，部分企业直接将工业循环冷却水视为清洁水排入水体，其含有部分含磷缓蚀剂、阻垢剂经过多次浓缩后各种矿物质和离子含量不断增加，这部分监管外工业冷却水直接进入水体后，对控制断面总磷浓度达标造成一定的隐患，主要集中于沱江流域，同时其上游支流绵远河、石亭江磷矿、磷化工行业发达，水环境承载力超载。

五是企业突发环境事件风险评估体系尚未建立，企业环境应急预案未严格落实，环境风险防控措施不具体，流域性环境防控体系尚未建立，主要集中于嘉陵江流域。

（3）城镇污染

一是城镇生活污水处理设施建设滞后。随着四川省城镇化率不断增加，重点城镇规模不断扩大，原有的污水处理规模和污水管网已不能满足城镇发展的需要，现有城镇污水处理能力不够，污水管网覆盖不完善。问题主要集中于长江（金沙江）（甘孜州、凉山州）、雅砻江（凉山州）、安宁河（冕宁县）、岷江（阿坝州、宜宾市）内、大渡河（阿坝州）、青衣江、涪江（安岳县、射洪县）流域。

二是现有管网亟待升级改造。各地老城区、城中村及老旧院落等区域污水管网断头、塌陷、淤积堵塞、错接、漏接、堵头未拆除等病害普遍存在，加上雨污未分流、管网老化等原因，导致生活污水通过雨水或地表漫流等途径排入河道，未能进入城市污水处理设施。问题主要集中于长江（金沙江）与雅砻江攀枝花段、安宁河攀枝花段（米易县）、岷江（成都市）、大渡河（甘孜州、雅安市）、沱江、嘉陵江、涪江（绵阳市、遂宁市）流域。

三是污水处理设施稳定运行难。四川省污水处理收费政策落实不到位，加上大部分地区财力有限，难以为城镇污水处理厂运行提供充足资金保障。主要集中于长江（金沙江）宜宾段、雅砻江甘孜州和凉山州段（地理位置偏远、海拔高、气温低地区）、渠江流域。

四是城乡垃圾无害化处理设施建设滞后。随着城市的不断发展，部分地区垃圾处置能力已经不能满足需求。目前普遍存在城乡垃圾转运体系不健全，垃圾无害化处置能力不足等问题，主要集中于雅砻江、大渡河、渠江流域。

（4）农业农村污染

一是农村聚集点环保基础设施滞后，农村居民聚居区配套污水收集、处理设施不完善，大量生活污水就近排入雨水边沟、灌渠，枯水期污染情况严重，农村加工业或小作坊、餐饮服务业废污水直排等问题普遍存在，主要集中于长江（金沙江）、岷江（阿坝州、宜宾市）、大渡河、沱江、嘉陵江（广元段）等流域。

二是农村生活垃圾处理体系尚未建立。农村生活垃圾收运设施不足，垃圾收集率偏低，存在沿河散乱丢弃现象，主要集中于安宁河、岷江（阿坝州）、大渡河、青衣江等流域。

三是农业化肥、农药利用率低，农业面源污染问题严峻。农业生产化肥施用存在重化肥、轻有机肥，重氮磷肥、轻钾肥，重大量元素肥料、轻中微量元素肥料，重基肥、轻追肥的"四重四轻"现象，大量农药通过灌溉用水、雨水进入土壤和水环境，既影响水生态环境，又影响人民群众健康，问题主要集中于长江（金沙江）（攀枝花市、达州市和广安市）、安宁河、岷江（乐山市）、嘉陵江、渠江流域。

四是农村群众环保意识薄弱。农田残膜和农药包装废弃物处理不规范、焚烧或倾倒农业垃圾及农作物秸秆等现象普遍存在，主要集中于青衣江、嘉陵江、渠江流域。

（5）畜禽养殖污染

一是畜禽养殖缺乏系统性规划和布局。流域内涉及市州基本上已划定禁养区。限养区和适养区，但存在划分不合理、不规范问题，还需进一步调整完善，主要集中于长江（金沙江）、沱江流域。

二是中小养殖户环保责任主体意识不强。规模化养殖治污设施不完善，或部分养殖场未建设畜禽粪便处理设施，致使畜禽污水未经处理任意流失；部分建好后的畜禽粪便处理设施缺乏有效的管理，致使污水溢流入附近河道，且部分大规模养殖场也存在干粪处理不规范的情况；水产网箱养殖，存在养殖密度较大、投放饵料随意的现象，且均未对对养殖生产过程中的废弃物如残饵等回收，从而污染河流，主要集中于雅砻江（凉山段）、岷江（阿坝州、成都市、乐山市）、大渡河（汉源湖）、沱江流域。

三是非规模化养殖场污染防治措施薄弱。非规模化养殖场普遍存在养殖规模小、标准化水平低、粪污处理利用水平较差等问题，由于其分布广、监管难度大，对河流水质的影响不可忽视，主要集中于长江（金沙江）、雅砻江（凉山段）、渠江、涪江流域。

（6）移动源污染

一是船舶污染防治设施建设滞后。部分营运船舶含油污水及生活污水处置缺乏专业油污水接收船舶，船舶垃圾接收单位市场运作连年亏损，导致城区无垃圾接收船舶，船舶垃圾污染物转岸处理存在困难，尤其是缺乏船舶清洗舱作业单位，船舶只能到重庆以下区域进行油污水交付和清洗舱作业，主要集中于嘉陵江、涪江、渠江流域。

二是船舶污染事故应急能力薄弱。内河船舶水域污染事故应急法规体系不够完善，船舶水域污染事故应急处置能力和设施设备严重滞后，缺乏清除水域污染事故的必要措施和配套设备，应急工作职责不明、程序不清，也造成涉及污染损害的赔偿和清污费用等落实不到位，无法应对内河危险货物运输船舶水域污染事故，主要集中于嘉陵江、涪江流域。

8.1.3.2 水资源问题

（1）水资源管理

一是水资源用水总量管控有待加强。水资源调度长效机制和流域重要断面生态流量考核机制尚未建立健全，规划水资源论证工作未全覆盖，水资源消耗总量和强度双控行动机制有待进一步完善，主要集中于长江（金沙江）、雅砻江、安宁河、大渡河、沱江、嘉陵江、渠江、涪江流域。

二是节水工作亟待加强。农业、工业和城乡节水技术改造投入不够，农业用水效率低下，工业用水效率仍然不高，企业循环水利用率不高，居民节水意识有待加强，节水激励机制尚未建立，阶梯水价制度、用水定额和计划用水制度、企业用水超计划超定额累进加价制度等尚未形成合力，主要集中在雅砻江、安宁河、大渡河、沱江、嘉陵江、渠江、涪江流域。

（2）水功能区划管理

一是水功能区划定工作仍有短板。部分市州水功能区尚未完全划定，对河流管理保护力度不够，水域纳污能力无法确定，水质管理目标未明确，不能有效开展流域水资源开发利用与保护、水污染防治和水环境综合治理工作，主要集中在长江（金沙江）、安宁河、大渡河（甘洛河、越西河、榆林河等支流）、青衣江（雅安市、眉山市）、沱江（射水河、马尾河、铜钟河、镇溪河等）、渠江、涪江（虎牙河、洋溪河、芝溪河等）流域。

二是水功能区监管能力待完善。部分省级水功能区和市（州）、县（市、区）交界断面水功能区水质监测存在较多遗漏，现有站点布局不健全，监管能力建设不足，监测覆盖面小，难以落实区域责任、目标考核、监督制约等监管工作，主要集中于岷江、大渡河（甘孜州、阿坝州）、青衣江、嘉陵江、涪江流域。

（3）饮用水管理

一是饮用水源地规范化建设仍有空白。部分乡镇集中式饮用水源地未规范化建设，仍存在生活源及农业农村面源污染风险，部分乡镇湖库型水源地内源污染仍然存在，部分农村饮用水水源地水质达标率无法达标，主要集中于长江（金沙江）、安宁河、青衣江、沱江流域。

二是饮用水应急保障能力薄弱。部分城市第二水源或应急水源建设进度缓慢，遇到突发性污染事故，将对城市居民饮用水供给造成极大影响，主要集中于长江（金沙江）、沱江流域。

三是水源地水源涵养能力不足。部分河流型水源地上游水源涵养能力不足，水土流失情况未得到有效控制，威胁水源地供水安全，主要集中在大渡河、渠江流域。

四是水源地保护管理问题多。主要表现在水源地警示和保护标志缺失、隔离设施不完善、监控体系尚未建成、风险预警能力较低等方面，主要集中于岷江、大渡河、沱江、嘉陵江、渠江、涪江流域。

（4）水资源保护

一是长江上游生态退化，天然林、湿地、草原面积萎缩，水源涵养能力降低，主要集中在长江（金沙江）、大渡河、岷江流域。

二是上游水土流失严重，滑坡、泥石流、崩塌等自然灾害较为普遍，主要体现在长江（金沙江）、安宁河、大渡河流域。

8.1.3.3 水生态问题

（1）水生态状况

一是水生态状况底数不清。四川省十大流域水生态现状调查工作尚未开展，水生生物完整性相关基础调查研究尚属空白，缺乏适合四川省省情的水生态监测与评价标准。

二是人为活动干预河道生态环境。水电项目开发过剩影响河流健康生命，水利水电工程的建设改变了原有河道的流量、流速和流态，阻隔了洄游性或半洄游性鱼类的洄游通道，改变部分鱼类的生存环境，使鱼类迁移或种群数量减少，造成洄游性鱼类和喜流水生活的鱼类资源下降，同时非法电鱼、捕捞等现象时有发生，主要集中大渡河、青衣江、涪江流域。

三是湿地生态功能不断退化。湿地面临威胁有增无减，湿地保护空缺较大，湿地管理体系不完善、资金投入少，湿地滩涂调蓄洪水、调节气候、降解污染物、维持生物多样性的功能和效益不断下降，主要集中在雅砻江、岷江、青衣江、嘉陵江流域。

（2）生态流量

一是流域生态流量管理水平低。水电站生态下泄流量管理体系尚未建成，无相应的量化要求和监督管理办法，部分电站下泄流量未进行在线监控，主要集中长江（金沙江）、安宁河、青衣江、沱江、渠江、涪江流域。

二是引水式电站对生态流量影响大。引水式电站易造成枯水期河段断流，或大部分形成小溪状的浅滩，河床大面积裸露与沙化，阻断鱼类洄游和迁徙通道，极大影响河流生态功能和服务功能，主要集中在安宁河、岷江流域。

（3）水生生物多样性

一是水生生物多样性保护工作缺失。尚未制定水生生物多样性保护方案，部分流域水生态系统脆弱，维持河道生态的基本水量难以保证，主要集中在长江（金沙江，长江上游珍稀特有鱼类国家级自然保护区）、青衣江、沱江流域；

二是水生生物保护区投入不足。基础设施建设滞后，缺乏专业技术人员和资金，部分成了名符其实的"一有三无"自然保护区（有名称，无机构、无人员、无资金），严重影响了保护区保护工作的正常开展，主要集中在长江（金沙江，长江上游珍稀特有鱼类国家级自然保护区）、涪江流域。

三是流域外来物种的入侵给流域内的生物多样性带来了负面影响，主要集中在安宁河（水葫芦、紫茎泽兰）流域。

8.1.3.4 水环境风险

（1）环境风险源

四川省2100余家重点环境风险企业近水靠城，涉及危险品、化学品种类繁多，流域性、区域性环境风险形势严峻。重金属、持久性有机物、危险废物和危险化学品等累积性环境风险加大，由工业企业造成的输入性水环境污染事件时有发生。

（2）突发环境事件

2011—2019年，全省共发生突发环境事件159起，其中重大突发环境事件4起，较大突发环境事件7起，一般突发环境事件148起。2018年四川省突发环境事件总数为20起，同比2015年上升33.3%。

8.2 分阶段水环境质量改善目标指标设计

表8-1　美丽四川建设水环境质量改善具体目标指标

指标	2025年	2035年	属性
87个国考断面水质优良率	90.8	95.4	约束性
地表水质量达到或好于Ⅲ类国控断面水体比例（％）	95	95	约束性
地级及以上城市集中式饮用水水源水质达到或优于Ⅲ类比例（％）	100	100	约束性
县（市、区）城市集中式饮用水水源水质达到或优于Ⅲ类比例（％）	100	100	约束性
劣Ⅴ类水体比例（％）0	0	/	约束性
建成区黑臭水体比例	0	0	约束性

8.3 水环境改善策略与方案

以水生态环境质量为核心，坚持污染减排和生态扩容两手发力，统筹水资源利用、水环境治理和水生态保护，突出流域特色，一河一策精准施治，严格落实河（湖）长制，强化优良水体保护，加强流域未达标水体治理，补齐污水设施建设短板，提升饮用水水源保护区规范化建设，深化地下水污染防治，持续推进农村污水收集处理，实现水环境质量持续改善，重现"河畅水清、岸绿景美、人水和谐"的美丽河湖景象。

8.3.1 提升水生态安全格局

加强河湖生态保护。筑牢流域生态屏障，开展流域生态安全调查和评估，加大对河流水源涵养区、生态缓冲带、生态敏感脆弱区和饮用水水源地的保护力度，开展综合整治工程。推进水域岸线实现规范化管理。实施长江上游沿江生态廊道修复与保护工程，构建长江上游生态屏障。实施河湖滨岸生态拦截工程，在"9+3重点湖库"、鲁班水库、雅安汉源湖等重要湖库及其他重要湖库型水源地的周边及库区消落带，营造环湖库防护林带、生态隔离带、生态景观林带，构建结构合理、功能稳定的沿江森林生态系统。开展重点湖滨带、重点湖库及小流域水土流失治理，严格控制开发建设活动，维持和修复流域自然生态环境质量，维护湖库和重要水源地的生态安全。适时开展重要水库生态环境保护立法。

实施河湖水生态修复。把修复长江生态环境摆在压倒性位置，坚决筑牢长江上游生态屏障。加快实施"清水绿岸"治理提升工程，加快实施水系连通工程，增强水体流动，恢复和重建河流生态系统。以国家及省级水生生物保护区、水产种质资源保护区以及群众关注度高的城市河湖为对象，开展水生态环境调查与评估调查，逐步开展水生态修复，维系水体的流动性和自然净化功能。对不满足水域生态和使用功能的水体，综合运用河道治理、清淤疏浚、自然修复、截污治污等措施推进水体生态修复。原则上禁止新建中小河流引水式水电站，积极修复遭受严重破坏河流的自然生态。以重要支流和湖库为重点，开展富营养化水体综合整治，严控富营养化及蓝藻水华发生的频次和范围。开展湿地恢复与建设，遏制湿地萎缩与退化趋势，扩大湿地面积，加快恢复草原湿地生态系统。加强良好水体保护与管控，到2025年，基本建成良好水体保护制度。

推进水生生物完整性恢复。加强洄游通道保护，根据长江流域实际情况与特点，以改善江湖连通、恢复鱼类洄游通道为重点，提出通江湖泊涵闸生态调度、湖泊通江河道清淤疏浚等任务，重建、改善被阻隔湖泊的江湖联系。实施天然生境恢复，坚持保护优先、自然恢复为主的方针，针对不同重点流域开展天然生境恢复、生境替代保护、"三场"保护与修复及增殖放流等工程，全面落实长江流域禁渔措施，改善和修复水生生物生境。开展物种保护恢复，完善水生生态和渔业资源监测预警体系，加强珍惜鱼类国家级自然保护区建设，严格保护白鲟、胭脂鱼等长江珍惜特有鱼类及其产卵场并加强其增殖放流工作。

8.3.2 协同水环境保护治理

工业企业污水综合整治。深入实施工业企业污水处理设施升级改造，重点开展造纸、焦化、氮肥、酿造等行业专项治理，全面实现工业废水达标排放，进一步提升废水循环利用率。推进工业园区"零直排区"建设。鼓励各行业结合区域水环境容量，实施差异化污染物排放标准管理。控制工业企业氮磷等营养物质排放，进一步谋划对环境激素和持久性有机污染物的控制。开展工业集聚（园）污水治理设施的三年提质增效工作，鼓励有条件的各类园区先行启动海绵城市建设，推动中水回用工程的建设。

提升城镇污水治理水平。统筹考虑城镇规划发展规模，按照因地制宜、适度超前的原则，科学规划城镇污水处理厂处理规模及管网布局。统筹推进污水处理设施及管网的建设，对于水环境问题突出的、基础设施薄弱的区域，应优先实施建设。强化城中村、老旧城区和城乡结合部污水截流、收集，现有合流制排水系统应加快实施雨污分流改造，难以改造的，应采取沿河截污、调蓄和治理等措施。持续推进县级以上城市及建制镇污水处理设施新建和提标改造，严格执行岷江、沱江流域水污染物排放标准，针对重点不达标小流域推行深入治理和执行更严格的地方标准。到2023年底前，实现县级及以上城市污水处理设施能力基本满足生活污水处理需求。到2025年底，全省县级及以上城市建成区基本无生活污水直排口，基本消除黑臭水体。到2035年，实现城镇污水管网处理全覆盖，确保城镇管网雨污分流，乡镇集中污水处理设备设施与管网运行稳定，提升中水回用比例，有效减少生活污水排放。

加大农业农村污水治理力度。加强种植污染管控，结合农业供给侧结构改革和农业品牌推进，大力发展高效生态农业，加强农业面源污染防治，到2025年，农业面源污染加剧的趋势得到有效遏制。加强养殖污染综合防治，推进畜禽养殖粪污资源综合利用，推进水产健康养殖，持续推进渔业绿色发展，开展畜牧业绿色示范县（市、区）创建，规模化畜禽养殖场（小区）粪污处理设施配套率达到100%，粪污综合利用率达到85%以上。加强农村生活污水收集与治理，实现县域统一规划，按照因地制宜、科学治理的原则，合理确定农村生活污水处理方式，完善农村生活污水设施运营机制。开展农村黑臭水体清理整治工程，实现村内库塘渠水质功能性达标。生活污水、垃圾得到处理的行政村比例分别达到70%、95%。到2035年，有效遏制农业面源污染，持续推进农业农村绿色循环发展转型，基本消除农村黑臭水体，实现集中式生活污水与垃圾收集、转运、处理全覆盖。

强化入河排污口排查整治。 加强排污口排查，按照"查、测、溯、治"的要求，以城市建成区及重要水体为重点，开展河湖排污口普查及信息台账建设，完成入河排污口登记、审批工作。设置入河排污口分区管控，确定禁止设置入河排污口区域、限制设置入河排污口区域范围，并分类确定限制区内入河排污口管控要求。开展入河排污口整治，制定实施排污口分类整治方案，明确整治目标和时限要求，统一规范排污口设置。到2025年完成全流域范围内排污口排查，完成流域排污口监测网络建设，建成流域排污口信息管理系统。到2035年，全面建成全流域范围排污数字化在线监测系统，与断面水质监测系统联动，智能监测排污口相关信息及水体污染物浓度变化，进一步精准排查隐藏排污口，规范管理排污，建立排污收费惩处监管体系。

加强港口码头和船舶污染防治。 加强港口码头环境基础设施建设，加快推进港口船舶污染物接收转运、化学品洗舱站等设施建设运行，提升港口船舶污染物接收转运处置能力。推动泸州港、宜宾港及南充港等重要交通货运港口绿色化转型与污染控制，打造绿色商旅成都港。积极治理船舶污染，加快完善运输船舶生活污水存储设备或处理设施，合规地分类、储存、排放或转移处置油污水、残油（油泥）、生活污水、化学品洗舱水和船舶垃圾等船舶营运产生的船舶水污染物，在重要库湖区等封闭水域率先实行船舶污水零排放。加强船舶污染防治，定期对船舶防污文书、污染物储存容器以及船舶垃圾、油污水等污染物产生和交付处理情况的监督检查。强化水上危化品运输安全环保监管和船舶溢油漏油风险防范。

强化上下游协同治理。强化省内协同，以区域间生态补偿为依托，以出入境水质考核为抓手，打破行政区域，建立机制统筹协调，实现联合监测、执法和应急联动，实现区域间水污染联防联治。深入推动实施河长制，从"有名"到"有实"。加强省际间协同，同重庆、甘肃、陕西3省（直辖市）积极开展各项合作，建立健全跨界流域上下游协同联治联防联控机制，重点加强成渝地区间跨界小流域的联防共治。

8.3.3 推动饮用水水源保护

巩固提升县级以上保护区建设。全面优化饮用水水源布局和供水格局，从根本上保障饮用水水源水量、水质，增强供水保障能力建设。合理划定保护区范围，科学划定一批、合理调整一批、及时撤销一批，加强饮用水源地保护，对饮用水水源地水质不符合饮用水要求或存在环境风险隐患等不适宜作为饮用水水源的实施综合整治。对于部分乡镇自来水厂产能不足、设施陈旧，运行管理不规范等问题须及时整改。提升饮用水水源地水质监测和预警能力，定期开展集中式饮用水水源监测和环境状况调查评估，定期向社会公开饮水安全状况。加强城镇应急备用水源建设及管理，提高城市供水的防御突发事件的能力，稳步推进县级"双水源"建设，基本实现县级以上城市基本建立双源供水或具备应急供水能力，饮用水水源安全保障水平全面提升。

推进乡镇及以下保护区规范化建设。持续推进乡镇及以下集中式饮用水水源保护区规范化和安全保障达标建设，建立"千吨万人"乡镇集中式饮用水水源保护区台账。持续开展山坪塘综合整治，启动万口"当家塘"小型水源工程综合整治行动。加强农村区域供水设施建设和农村饮用水水源保护，推进农村水源环境监管，逐步建立和完善农村饮用水安全保障体系，推进农村集中式饮用水水源信息公开。在保护区或保护范围划定基础上，开展农村分散式饮用水水源地隔离防护设施建设。到2025年，全省乡镇集中式饮用水水源规范化建设比例不低于85%。到2035年，实现乡镇集中式饮用水水源规范化建设运行全覆盖。

8.3.4 严格水资源管理调配

落实最严格水资源管理制度。严格落实水资源总量、用水效率和水功能区限制纳污"三条红线"管控，坚持农业、工业、城市等各业节水并举，逐步建立健全相关管控体系，指导、约束水资源的规划、调度及配置。加强相关规划和建设项目水资源论证，强化水功能区监督管理，严控不合理新增用水。建立水资源管理协商机制，协调好水资源开发利用保护、防洪安全保障与水能资源、航道岸线等开发利用关系。加速完成长江流域相关市按照流域完成水资源用水总量指标分解工作，加强水资源用途管控。

推进水资源优化配置和统一调度。加快实施李家岩水库、武引二期、引大济岷、长征渠等引水连通工程，持续优化水资源合理配置和高效利用。扎实做好流域、市、县水资源供需平衡动态分析与评估，建立完善水资源供需平衡基础信息数据库。强化水资源统一调度，综合考虑流域上下游、干支流、左右岸用水需求，统筹解决生活、生产、生态用水，将生态流量纳入水资源统一调度。加大非常规水源利用，将再生水、雨水、清下水纳入水资源统一配置。确保完成长江流域10大主要河流水量分配和水量调度方案编制工作，建立生态优先、运行有效的水库群联合调度机制。

严格保障河湖生态流量。以河道生态需水为控制目标，建立河道生态流量监督管理制度以及水资源调度长效机制，制定并落实流域生态应急调水方案。对水库、闸坝、电站、引调水工程实施动态调度，确保枯水期下泄流量。新建、改建和扩建水工程，应落实生态流量泄放条件，已建水工程不满足生态流量泄放要求的，应根据条件，改进调度或增设必要的泄放设施。按"一河（湖）一策"要求，协调好上下游、干支流关系，制定重点河湖生态流量保障实施方案，开展重点河湖生态流量调度与监管工作，切实保障生态流量。协同制定岷江、沱江干支流水库闸坝科学调度与管理机制。

第九章 保护蓝天白云雪山常现的弘大胜景

9.1 大气环境质量现状与形势

自"十三五"以来，四川省70%以上区域空气质量达到优良水平，优良天数比例提高到90.7%，"窗含西岭千秋雪"的美好愿景逐步实现。

9.1.1 大气环境质量现状

9.1.1.1. 大气环境质量总体改善

随着各项大气污染防治措施的不断推进和落实，大气环境质量总体改善。2015—2021年，四川省的SO_2、$PM_{2.5}$、PM_{10}和CO平均浓度分别下降71.3%、32.9%、35.2%和30.3%。

2021年，四川区域空气质量优良天数率89.5%，较2015年提高9个百分点。主要污染物为$PM_{2.5}$，年均浓度值为32微克/立方米。四川省未达标城市$PM_{2.5}$浓度为35μg/m³，比2015年降低36.4%。2021年，全省21个市州中，攀枝花、绵阳等13个市（州）$PM_{2.5}$达标，占61.9%，比2015年多8个。

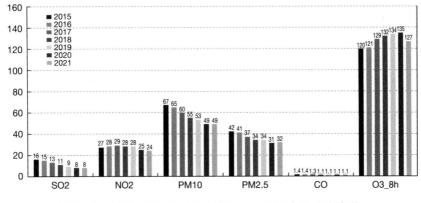

图9-1　四川省2015—2021年6项大气污染物浓度变化

9.1.1.2. O_3污染问题逐渐显现

尽管近年来四川省$PM_{2.5}$污染改善效果较为显著，但区域O_3浓度呈升高趋势，成为影响空气质量的重要污染因子之一。2021年，四川省O_3日最大8小时均值第90百分位数为127μg/m³，比2015年升高5.8%；四川省各城市空气质量超标天中，以O_3为首要污染物的天数占比达30.7%（仅次于$PM_{2.5}$，67.3%）。

总体来看，四川省大气环境质量虽然有所改善，但污染排放量仍然较大。已达标城市大气环境质量不稳定，成都市及周边城市$PM_{2.5}$年平均浓度超标，臭氧浓度呈上升趋势，$PM_{2.5}$污染秋冬季依然较为严重。成都市、自贡市、泸州市、德阳市、乐山市、南充市、宜宾市、达州市等8个城市$PM_{2.5}$依然超标。区域人口过亿，城镇和产业集中，盆地地形不利于大气污染物扩散，大气环境质量改善任务艰巨。

9.1.2 问题与成因

四川省产业结构偏重，钢铁、火电、水泥、玻璃等传统行业门类齐全、占比较高。2020年，四川省的二产占比为36.2%，四川省水泥产量、汽车产量、发电量、粗钢产量合计分别占全国6.1%、2.8%、5.3%和2.6%（国土面积占全国5%），给区域大气环境带来了较大负荷。

从能源结构看，近年来煤炭消费比重逐渐下降，到2020年，四川省的煤炭占一次能源消费比重为35.0%，较2015年下降9.5个百分点，但煤炭消费总量仍然较高，2020年四川省原煤消费总量达5729万吨。

从交通运输结构看，区域交通运输结构仍以公路为主导，铁路与水路货运能力仍处于较低水平。国家统计局数据显示，2020年，四川省公路货运量占比达91.7%，较2015年降低2个百分点；铁路货运量占比为4.5%，远低于全国平均水平（9.6%）。

9.1.2.1. 污染排放集中，呈区域性特点

受地形条件等因素影响，区域产业和人口相对集聚，污染物排放集中。成都平原8市以全省17.8%的幅员面积（成都市占2.5%）支撑了全省45.8%的人口（成都站18%）、63.6%的GDP（成都市占37.2%）和60%以上的机动车（成都市占34%），污染物排放总量约占全省一半以上（成都市占1/3），对局地空气质量造成不利影响。川南地区煤炭消费占全省一半以上，对大气环境污染贡献较高，二氧化硫、氮氧化物和烟粉尘排放量分别占全省的14%、9.8%和7.5%；川东北地区钢铁、水泥等高架源占较大比重，二氧化硫、氮氧化物和烟粉尘排放量分别占全省的9.3%、10.3%和10.2%。

9.1.2.2. 重点领域减排压力大，NO_x 与VOCs治理有待加强

一是移动源 NO_x 减排有待加强。2015—2021年间，四川省 NO_2 污染改善力度不足，NO_2 年均浓度基本持平，2021年仅比2015年下降7.4%，远低于 SO_2 下降50%的水平。主要是由于对城区 NO_2 影响较大的机动车特别是柴油车排放，控制力度不够；同时，区域机动车保有量持续快速增长，进一步加大 NO_x 减排压力。截至2020年底，四川省民用汽车拥有量达1289.9万辆，较2015年增长68.2%。二是VOCs治理进展普遍较为滞后。家具、汽修、电子、包装印刷等行业中小微企业众多，低VOCs原辅材料替代不足，无组织排放问题突出，治污设施多简易低效，监测和执法基础薄弱，VOCs排放总量较大。三是钢铁和工业窑炉治理进度较慢。受资金和技术限制，钢铁、水泥行业超低排放改造工作压力较大，玻璃、陶瓷行业 NO_x 排放量普遍较高、治理效果差，锅炉、窑炉低氮燃烧比例低、NO_x 去除效

率不高。

9.1.2.3. 基础能力支撑不足，管理效能有待提升

一是监测能力不足。污染源监测能力不足，现场快速应急监测设备缺乏，园区站、组分站、超级站数量较少，VOCs走航、观测等能力建设差距仍然较大。二是科技支撑不足。除成都以外，大部分城市管理队伍科研力量薄弱，污染成因、传输规律与来源解析等研究能力不足，难以满足$PM_{2.5}$与O_3协同控制形势下的科学精准治污需求。三是政策保障和资金支持力度不足。工业用电价格缺乏优势，不利于电能替代相关工作推进；钢铁行业超低排放改造、工业窑炉提标改造等工作缺乏强制性标准或政策支撑；非电行业超低排放改造、VOCs综合治理、"散乱污"企业综合整治等资金需求量大，现有中央财政资金支持比例低、支持范围窄、支持方式单一，主动治污、提前治污积极性受到影响。

9.2 分阶段大气环境质量改善目标指标设计

着力构建"源头严防、过程严管、末端严治"的大气污染闭环治理体系，协同开展细颗粒物和臭氧防治，深化重点区域大气污染联防联控，加强成渝地区污染联合应对，常现蓝天白云、繁星闪烁之美。结合四川省大气环境质量改善进展和污染现状，以2035年实现"美丽中国"目标倒排空气质量改善的阶段性要求，对处于不同污染阶段的地区和城市制定差别化的空气质量目标，实施空气质量改善分类管理、分批推进。

总体目标：全省大气污染浓度持续降低，主要大气污染物排放总量继续减少，重度及以上污染天气比例不断下降。依法治污、科学治污、精准治污水平不断提高，环境空气质量持续改善。

到2025年，全省设区城市$PM_{2.5}$平均浓度力争达到29.5微克/立方米，空气质量优良天数比率达到92%。

到2035年，阳光熠熠、白云舒卷、雪山辉映的美景成为常态，实现蓝天与雪山同框、气候与环境双赢，让四川成为蓝天常在、空气常新的魅力巴蜀。

9.3 大气环境质量改善策略与方案

坚持精准治污、科学治污、依法治污，深入打好污染防治攻坚战，持续改善生态环境质量，展现天朗气清、水秀山明、沃野千里的天府之国美丽画卷。

9.3.1 持续优化产业结构

严控火电、钢铁、水泥、平板玻璃、有色等重污染行业新增产能。加快30万千瓦左右老旧煤电机组淘汰，推动重点区域化工、制药、工业涂装企业"退城进园"。促进废钢资源利用，在严控区域长流程炼钢产能的同时，提高短流程炼钢比例。继续深入推进"散乱污"企业清理整顿。以建材、化工、家具、铸造、印染、电镀、加工制造等产业集群和工业园区为重点，推进产业集群和工业园区整合提升。严格执行涂料、油墨、胶粘剂、清洗剂等VOCs含量产品质量标准，积极推进含VOCs产品源头替代。

9.3.2 加快能源结构调整

推进清洁能源产业发展，充分发挥水电优势，推进风电基地建设，进一步削减煤炭消费总量。大力提升清洁能源在一次能源消费结构和终端用能结构中的占比，推进金沙江、雅碧江、大渡河"三江"水电基地建设，有序推进凉山州风电基地建设。针对本地煤炭高硫高灰特性，加强煤炭清洁高效利用，严禁劣质燃煤流通和使用，加大燃煤企业治污设施运行效果和污染排放监管力度。加强煤炭总量控制，实施新建项目与煤炭消费总量控制挂钩机制，耗煤建设项目实行煤炭减量替代。禁止新建、扩建燃煤发电项目，现有多台燃煤机组装机容量合计达到30万千瓦以上的，可按照煤炭等量替代的原则建设为大容量燃煤机组。禁止新建燃重油、渣油或者直接燃用各种可燃废物、生物质的锅炉和窑炉。加强入川煤炭质量监管，严禁劣质燃煤流通和使用。到2035年，全面淘汰重点区域县级以上城市内35蒸吨/小时以下燃煤锅炉。

9.3.3 加快运输结构调整

全面提升区域整体铁路、水路运能，降低公路货运占比。完善重庆与成都铁路局常态化联系合作机制，共同推进铁路货运量提升。加强区域内煤炭、铁矿石、砂石骨料、电解铝等物料的重要物流通道干线铁路建设以及集疏港、大型企业和园区铁路专用线建设，解决"最后一公里"问题。大力发展铁水联运和多式联运，构建现代综合交通运输体系、促进物流降本增效。加快车船和非道路移动机械结构升级，加快淘汰高污染、高耗能的老旧船舶和机械。

9.3.4 推进多污染物协同减排

以春夏季臭氧和秋冬季细颗粒物污染为控制重点，以成都平原、川南和川东北地区为重点控制区域，夏季以钢铁、水泥、玻璃、化工、工业涂装等行业领域为主，加强氮氧化物、挥发性有机物等细颗粒物和臭氧前体物排放监管；秋冬季以工业源、扬尘源、移动源、燃烧源污染管控为主，强化不利扩散条件下颗粒物、氮氧化物、二氧化硫、挥发性有机物、氨排放监管。加强秸秆综合利用和禁烧管控，强化烟花爆竹管控，持续深入实施机动车污染防治。到2025年底，全省现有钢铁行业80%以上产能完成超低排放改造。推进水泥行业深度治理，氮氧化物排放浓度不高于50毫克每立方米。重点地区玻璃企业颗粒物、二氧化硫、氮氧化物排放浓度分别不高于15、100、200毫克每立方米。陶瓷和砖瓦开展全行业深度治理，采用高效脱硫脱硝除尘技术，加强无组织排放控制，打造一批标杆企业。2025年前全省基本淘汰国三及以下排放标准汽车。

9.3.5 深入开展 VOCs 综合治理

深化推进石化、化工、工业涂装、包装印刷等重点行业及油品储运销VOCs综合治理。推进化工、工业涂装、包装印刷等行业低VOCs含量物料的源头替代。削减VOCs无组织排放，加强密闭管理，提高废气收集率。

实施工业源VOCs总量控制，涉VOCs的建设项目，空气质量未达标城市新增排放量实行两倍替代，已达标城市中甘孜州、阿坝州、凉山州、广元市、雅安市、巴中市实行等量替代，其他达标城市实行1.5倍替代。

9.3.6 健全完善大气政策法规体系

建议完善大气污染防治相关法律法规和经济政策支撑，加快构建有利于空气质量持续改善和污染排放主体持续减排的市场机制和政策体系。进一步完善煤炭、油品、含VOCs产品等产品标准以及固定源、移动源和扬尘源等大气污染物排放标准。从财政奖励、税收优惠、信贷融资、差别化电价等方面研究提出引导和支持产业结构调整、清洁能源替代、交通运输结构调整、VOCs综合治理、非电行业深度治理等领域的经济激励政策。

9.3.7 加强大气现代化治理能力建设

提升监测预警能力。统一规划生态环境要素感知系统，拓展温室气体、河湖生态流量、农业面源监测能力，提升细颗粒物（PM$_{2.5}$）和臭氧（O$_3$）协同监测、重点流域自动监测及预警能力，开展噪声感知网络示范建设，完善污染源自动监测监控体系，加强自然生态监测站点建设。全面推进生态环境机构能力建设。构建统一的生态环境业务应用大系统，组建省级生态环境监控预警指挥中心和市（州）分中心。

加强监管执法能力。逐步建立网格化监管体系，实现"有计划、全覆盖、规范化"执法。完善生态环境监督执法正面清单制度，优化环保执法方式，推动实施差异化执法监管。加快补齐应对生态监管等领域执法能力短板。加快配置无人机、无人船、走航车、便携式等高科技装备，推行视频监控、用电监控等物联网监管手段，建立健全以移动执法系统为核心的执法信息化管理体系。

第十章　展现土净地绿清洁健康的和谐美景

10.1 土壤环境质量现状与形势

自"十三五"以来，四川省土壤环境质量总体保持稳定，森林覆盖率提高至40%，草原综合植被覆盖率达85.6%，"蜀地春岸绿堪染"的美好诗意逐步呈现。

10.1.1 土壤环境质量现状

根据《四川省土壤污染状况调查公报》（2014年）显示，部分地区土壤污染较重。高土壤环境背景值、工矿业和农业等人为活动是造成土壤污染或超标的主要原因。

四川省土壤超标点位占调查点位的比例为28.7%，其中轻微、轻度、中度和重度污染点位比例分别为22.6%、3.41%、1.59%和1.07%。污染类型以无机型为主，有机型次之，复合型污染比重较小，无机污染物超标点位数占全部超标点位的93.9%。从污染分布情况看，攀西地区、成都平原区、川南地区等部分区域土壤污染问题较为突出，镉是四川省土壤污染的主要特征污染物。

镉、汞、砷、铜、铅、铬、锌、镍8种无机污染物点位超标率分别为20.8%、0.76%、1.98%、3.77%、1.44%、1.79%、0.61%、9.52%。上述8种无机污染物不同程度（轻微、轻度、中度和重度）污染点位比例见表7-1。

表10-1 无机污染物超标情况

污染物类型	点位超标率（%）	不同程度污染点位比例（%）			
		轻微	轻度	中度	重度
镉	20.8	18.06	1.79	0.61	0.38
汞	0.76	0.65	0.04	0.07	0
砷	1.98	1.30	0.27	0.22	0.19
铜	3.77	2.86	0.57	0.30	0.04
铅	1.44	0.95	0.23	0.11	0.15
铬	1.79	1.49	0.11	0.15	0.04
锌	0.61	0.38	0.08	0.04	0.11
镍	9.52	8.30	0.76	0.31	0.15

六六六、滴滴涕、多环芳烃3类有机污染物点位超标率分别为0.04%、1.22%、0.57%。上述3种有机物污染物不同程度（轻微、轻度、中度和重度）污染点位比例见表7-2。

表10-2 有机污染物超标情况

污染物类型	点位超标率（%）	不同程度污染点位比例（%）			
		轻微	轻度	中度	重度
六六六	0.04	0	0.04	0	0
滴滴涕	1.22	0.50	0.23	0.15	0.34
多环芳烃	0.57	0.30	0.19	0.04	0.04

农用地土壤环境质量总体稳定。全省农用地土壤环境质量总体稳定，局部不容乐观。土壤污染以镉为主，全省安全利用类农用地约677万亩，约占全省农用地总面积的2.29%；严格管控类农用地约22.75万亩，约占全

省农用地总面积的0.08%；其中，安全利用类耕地约为561万亩，严格管控类耕地约17.85万亩。污染相对较重区域主要有泸州、广元、乐山、宜宾、雅安、凉山、攀枝花、德阳、内江、甘孜和阿坝等11个市（州）。

重点行业企业关闭搬迁地块土壤污染地块数量少且分散。从总体上看，全省重点行业企业关闭搬迁地污染地块数量较少，地域分布不均。目前，全省现有678个疑似污染地块纳入"全国污染地块土壤环境管理系统"，其中241个开展了场地调查，污染地块56个，集中在成都、南充、宜宾等市，污染地块行业类型主要为化学原料和化学制品制造业、金属制品业，分别占污染地块数量的21.43%、16.07%。

在产企业地块土壤环境质量较好。总体上全省在产企业土壤环境质量较好，工业园区周边土壤污染较重。"十三五"期间，全省766家土壤污染重点监管单位完成企业用地土壤自行监测工作。其中，33个地块超过建设用地土壤污染风险管控标准，超标率4.31%，超标因子主要为铅、砷、六价铬、镉、镍、氰化物，涉及行业类型主要为有色金属矿采选业、金属制品业、化学原料和化学制品制造业等。重点监管单位周边土壤监督性监测点位1486个，超标点位196个，超标率13.19%，超标因子主要为镉、砷、铅、总铬、铜、镍、钒、锌和苯并[a]芘；工业园区周边土壤监督性监测点位668个，超标点位114个，超标率17.07%，超标因子主要为镉、铜和总铬；58个工业园区土壤环境质量监测点位5793个，超标点位1163个，超标率20.08%，超标因子主要为镉和铜，其次是铅和砷。

重点区域土壤环境质量不容乐观。2018—2019年，全省完成222个重点区域周边土壤污染状况评估工作。据评估，四川省重点区域土壤环境状况较差，特别是废弃矿井、矿山和尾矿库土壤污染较重，其次是集中式饮用水水源地一、二级保护区和主城区垃圾填埋场和焚烧厂。35座废弃矿井、矿山和19座尾矿库监测点位6395个，超标点位3471个，超标率54.28%，超标因子主要为镉和铜，其次为镍和铬，主要分布在攀枝花、凉山和宜宾等市（州）。72个集中式饮用水水源地一、二级保护区监测点位2597个，超标点位522个，超标率20.10%，超标因子主要为镉和铜，其次是镍和铅，主要分布在凉山、攀枝花、内江和泸州等市（州）。38个主城区垃圾填埋场和焚烧厂监测点位2535个，超标点位457个，超标率18.03%，超标因子主要为镉和铜，其次为铬和镍，主要分布在攀枝花、凉山、绵阳、遂宁、宜宾和自贡等市（州）。

10.1.2 问题与成因

10.1.2.1. 高污染企业分布集中

四川省的工业企业分布与五大经济区域发展定位和矿产等资源分布有着密切联系。攀西经济区有色金属矿产资源丰富，有色金属采选、冶炼为当地的主要产业，重金属污染风险较高。由于历史遗留问题，成都平原经济区和川南经济区城镇存在大量工矿企业历史遗留污染场地，具有较大的风险隐患，特别是有色金属冶炼、石油加工、化工、电镀、制革等高污染行业遗留场地。导致了成都平原经济区、攀西经济区、川南经济区等部分区域土壤污染问题较为突出。根据"土壤污染重点风险源排查"成果，成都平原经济区、攀西经济区和川南经济区高风险企业分别为101个、46个和38个，分别占52.60%、23.96%和19.79%。

10.1.2.2. 全省土壤质量掌握不全，个别区域土壤质量较差

四川省生态环境、自然资源和农业农村等部门从各自职能范围开展了土壤污染状况调查、多目标区域地球化学调查、农业地质调查、农产品产地土壤重金属污染调查等专项工作，掌握了全省大部分市（州）土壤污染总体状况和基本特征。但由于工作目标、内容、监测指标、范围不一致，在系统性、精细化等方面不能完全满足全省土壤污染风险管控和治理修复的需要。

自然资源部门专项调查覆盖全省国土面积约17.8万平方千米，未覆盖区面积30.8万平方千米。覆盖区内农用地面积7.29万平方千米，占全省农用地总面积的37.06%。其中，耕地4.70万平方千米，园地0.55万平方千米，草地2.05万平方千米，分别占全省耕地总面积的69.79%，园地总面积的74.76%和草地总面积的16.77%。全省草地未开展土壤环境质量调查的比

例最高，为83.23%，主要分布于甘孜州、阿坝州和凉山州。未完成耕地主要分布于达州市、凉山州、广元市和南充市。

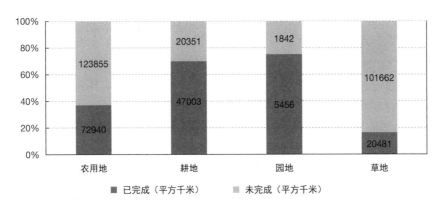

图10-1　全省各类农用地调查完成百分位柱状图

在已经摸清的土壤环境质量区域中，全省废弃矿井、矿山和座尾矿库点位超标率54.28%，集中式饮用水水源地一、二级保护区点位超标率20.10%，主城区垃圾填埋场和焚烧厂点位超标率18.03%。工业园区土壤环境质量监测点位超标率20.08%，工业园区周边土壤监督性监测点位超标率17.07%，重点监管单位周边土壤监督性监测点位超标率13.19%。农用地国家土壤环境质量点位监测结果显示，超筛选值点位199个，占19.02%。

四川省土壤重金属超标主要受地质高背景影响，凉山州、甘孜州、阿坝州大部分地区和广元市局部地区为重金属高背景集中分布区，且由于历史原因在成都平原经济区和川南经济区存在大量废弃工矿遗留的污染地块，同时也存在较大面积农用地土壤环境质量底数不清的状况。

10.1.2.3. 耕地安全利用体制尚未建立

四川省农用地国家土壤环境质量点位监测结果显示，超筛选值点位199个，占19.02%。四川省农用地特别是耕地土壤污染成因复杂，污染输入途径多样，国家层面耕地类别划分标准颁布在农用详查工作成果之前，划分思路与技术规定不利于有效指导农用地类别划分，需要加强受污染耕地成因分析，明确污染物来源，针对性提出有效安全利用对策。

四川省国土面积广阔有山地、丘陵、平原和高原4种地貌类型，全省土壤类型共有25个土类、66个亚类、137个土属、380个土种。在如此广泛的土壤类型下，短期难以找到适合全省推广适合污染耕地种植的品种，且农作物对污染物吸收受品种类型、土壤性质、气候条件、农艺管控等诸多因素影响，农作物中污染物含量各年度变异较大，需要在耕地污染集中连片区持续开展受污染耕地安全利用试点试验和总结经验，因地制宜选取低吸收品种替代、调节土壤酸度、水肥调控等技术，在确保农产品达标生产的条件下进行推广应用。

10.1.2.4. 土壤环境问题日趋复杂

土壤污染具有长期性和累积性，未来一段时期，四川省重化工业仍将保持较大规模，污染物排放将进一步加重区域性、流域性土壤污染；随着矿产资源的开发，以及煤炭、石油的继续使用和生产，土壤中有机污染物和重金属的负荷将继续增加，对土壤环境形成巨大压力；为保障粮食需求，化肥、农药、农膜等农用化学品使用量仍将维持在较高水平，重金属和农药等有机污染物将会继续进入土壤，成为土壤环境质量下降的重要因素；居民生活造成的污染如生活垃圾、废旧家用电器、废旧电池、废旧灯管等随意丢弃，以及日常生活污水排放，同样会造成土壤污染；自然气候和成土母质的原因也导致四川省部分地区土壤重金属背景值高、活性强、潜在威胁大，易造成部分地区土壤重金属超标。多种污染问题相互影响相互叠加，使得四川省近些年来土壤环境问题呈现多样性和复合性，风险管控难度进一步加大，逐渐成为影响公众健康与和谐社会建设的重要因素。

10.2 分阶段土壤环境质量改善目标指标设计

到2025年，全省受污染耕地安全利用率达到95%，污染地块安全利用率达到92%。到2030年，受污染耕地安全利用率达到95%以上，污染地块安全利用率达到95%以上。到2030年，受污染耕地安全利用率达到97%以上，污染地块安全利用率达到99%以上。

表10-3 四川省土壤污染防治目标

	受污染耕地安全利用率	污染地块安全利用率
2025年	95%	92%
2030年	95%	95%
2035年	97%	99%

10.3 土壤环境质量改善策略与方案

紧紧围绕"预防为主、保护优先、风险管控"的核心理念，按照"风险可接受、技术可操作、经济可承受"的原则，实施土壤污染治理修复。优化产业布局，生活垃圾、危险废物科学处置，开展污染源头防控，地下水源头治理。

10.3.1 实施土壤风险分类管控

实行土壤风险分类管控，开展土壤环境详查。以农用地和疑似污染地块为重点，继续推行土壤污染状况详查，在已有监测点位基础上加密监测，实现所有县（市、区）土壤环境质量监测点位全覆盖。详细调查农用地土壤污染的面积、分布、主要污染物及其对农产品质量的影响。加快汇总所掌握重点行业企业用地中污染地块的分布及其环境风险的情况，适当开展补充调查。加强土壤环境监测监管能力建设，建成覆盖全省域耕地和重点行业建设用地的土壤环境质量监测网络，在重点区域提高监测频次。

10.3.2 开展土壤污染源头防控

优化产业规划布局。强化规划环评刚性约束，突出土壤环境承载力和区域特点，实施差别化环境准入政策，完善空间准入、产业准入和环境准入的负面清单管理模式。以"三线一单"为基础，优化重点土壤污染风险源的空间布局，合理布局，防止重污染企业、各类工业园区、经济开发区、高新技术区、各类资源开发、开采等建设活动对周边土壤造成污染，防止重污染企业由城市向农村转移，避免造成新的土壤污染。

加强工业污染源头治理。实施在产企业土壤污染"联防联控"行动，强化在产企业土壤污染隐患排查、自行监测、监督性监测和土壤超标企业风险管控，对造成土壤严重污染的企业实行限期治理，特别是四环锌锗科技股份有限公司（原四川四环电镀有限公司）、西昌合力锌业股份有限公司、四川宏达股份有限公司（师古基地）和四川省银河化学股份有限公司等工业企业周边土壤进行专项整治，对历史遗留污染地块及其土壤环境安全隐患进行排查和专项整治。各属地政府与重点监管单位签订土壤污染防治目标责任书，开展隐患排查、整改及自行监测工作。加强企业拆除活动中的环境监管，防范污染土壤。

加强农业污染源头治理。实施土壤污染家底"精准掌控"行动，全面排查全省土壤环境风险隐患，建立土壤污染风险源清单，开展重点行业和重点区域土壤污染精细化调查评估，深化典型行业企业用地和农用地高背景区调查。以凉山彝族自治州、泸州市、宜宾市、眉山市、成都市、乐山市、内江市、南充市、巴中市、达州市、绵阳市、遂宁市等农业粮食生产功能区和重要农产品生产保护区为重点，强化肥料、农药、农膜等农用投入品使用的环境安全管理，从严控制污水灌溉和污泥农用，鼓励发展生态农业，推动无公害、绿色和有机农产品生产基地建设。

加强生活污染源头预防。通过分类投放收集、综合循环利用，促进垃圾减量化、资源化、无害化。结合新农村建设，推进农村生活污水和生活垃圾治理。加强绿色理念宣传，引导居民逐步建立绿色低碳的消费理念，从源头上减少生活垃圾的产生。

10.3.3 实施农用地分类管理

依据土壤污染状况详查结果，综合考虑土壤污染来源、污染途径、农产品超标、农用地集中连片程度、农作物种类等因素开展农用地土壤环境质量等级划分。对未污染和轻微污染的质量等级较好的农用地，实施优先保护，划定土壤环境保护优先区域，防护区域内禁止新建涉重金属和持久性有机污染物的工矿企业，逐渐淘汰区域内的有色金属、石油加工、铅蓄电池制造等项目，并制定实施农用地土壤环境保护生态补偿制度，确保该类区域土壤环境质量不退化、不降级，守住优先保护类农用地土壤安全底线。

对环境质量较差的农用地，依据土壤污染状况风险评估结果，采取实施种植结构调整、划定农产品禁止生产区、开展土壤污染治理与修复等措施，防止对农产品质量安全和生态环境造成危害。实施人民群众"吃得放心"行动，加强农用地分类管控，在土壤污染面积较大的县（市、区）推进农用地安全利用示范工程，推进农产品"生产—流通—消费"全过程管理。

10.3.4 管控建设用地土壤风险

强化建设用地土壤准入管理，严格调查评估、风险管控和治理修复，定期更新公布全省建设用地土壤污染风险管控和修复名录，建立重点行业污染地块名录及其开发利用的负面清单，建设污染地块管理信息系统。根据土壤环境承载能力，合理确定区域功能定位、空间布局。以企业自行检测和监督性监测相结合，开展运行情况巡查及土壤风险排查，加强运行监管。严格控制用地准入，防止新进项目对场地土壤环境造成新的污染，推动企业在达标排放的基础上进行深度治理，同时各级政府继续开展涉镉等重金属重点行业企业排查整治工作。对遗留场地、潜在污染场地实行分级管理，加强用地历史信息管理，建立跟踪机制，提升建设用地全生命周期风险管控。合理确定修复达标后的土地用途，暂不开发利用或现阶段不具备治理修复条件的污染地块，要划定管控区域，加强监测监管，防止污染扩散，对拟开发利用为居住用地和商业、学校、医疗、养老机构等公共设施用地的污染地块，实施以安全利用为目的风险管控。此外进一步加强现有企业污染源监管和污染防治，建立土壤环境重点监管企业名单，综合强化建设用地土壤风险管控能力。实施建设用地"人居安全"行动，严格管控化工等行业的重度污染地块规划用途，鼓励用于拓展生态空间，推进腾退地块风险管控和治理修复，以成都、攀枝花、德阳、泸州、凉山等区域为重点开展土壤污染管控与修复工程。到2035年，清洁、安全、健康的土壤生态环境得到基本保障，居住环境健康基本实现。

10.3.5 切实加强地下水污染防治

健全地下水"双源"（集中式地下水型饮用水水源和地下水污染源）基础数据库，以重点污染源为重点，持续推进全省地下水环境调查评估，建设四川省地下水环境信息管理平台，加强土壤、地表水、地下水污染协同防治。强化地下水质量考核点位管控，编制达标或保持方案。健全分级分类的地下水环境监测评价体系。划定地下水型饮用水水源补给区，强化保护措施，开展地下水污染防治重点区划定及污染风险管控。积极开展地下水污染防治试验区建设，探索可复制、可推广的地下水生态环境管理模式和治理技术。

第十一章　建设源头减量资源利用的无废城市

11.1 固体废物及危险废物管理现状与形势

四川省经济迅猛发展，国民经济发展平稳，工业总产值稳步上升，固体废物及危险废物产生量逐年递增，为有效处理固体废物及危险废物，四川省探索固体废物优先源头减量、充分资源化利用、全过程无害化的良性治理模式。

11.1.1 管理现状

"十三五"期间，积极开展固体废物污染防治专项整治工作。2018年，四川省一般工业固废产生处置利用率为34.98%。危险废物集中处置能力大幅提升，新增工业固废处置利用能力161万吨/年，新增医疗废物集中处置能力3.92万吨/年，全省医疗废物集中处置能力达8.94万吨/年。积极推进生活垃圾收运与处置体系建设，深入实施生活垃圾分类，开展有害垃圾分类投放试点，城市（县城）生活垃圾产生处置率99.1%。基本建立了危险废物登记制度、大中城市固废信息发布制度等固废领域环境信息收集与排查制度，规范开展环境统计数据填报，建立全省涉重金属重点行业企业重金属排放的全口径清单，积极开展长江经济带固体废物排查整治。

11.1.1.1. 工业源

一是加强产业结构优化。优化长江沿江产业布局，开展城镇人口密集区化工企业搬迁工作。编制《四川省长江经济带发展清单实施细则》，禁止长江干流和主要支流一公里内新、改、扩建化工园区和化工企业，防范过剩和落后产能跨地区转移。严格环境准入，2018年4月17日后批复环境影响评价的涉重金属重点行业企业共两家，均按要求实施"等量置换"或"减量置换"。

二是加大落后产能淘汰。对重点涉重金属行业进行落后产能淘汰，从严控制铜、电解铅、锌等新建冶炼项目，截至2019年底，重点涉重金属行业企业累计实施淘汰落后产能项目61个，削减重点重金属共计5907.40公斤；实施清洁生产改造工程12个，削减一类重金属共计635.54公斤。

三是积极推动工业固废综合利用。攀枝花入选为国家工业资源综合利用示范基地（第一批），德阳市、凉山州入选为国家工业资源综合利用示范基地（第二批），32家（园区、企业）入选省级工业资源综合利用基地。

四是狠抓重金属重点区域综合治理。按照"突出重点、分区分类管理"的工作思路，确定涉重金属产业密集、污染相对严重的22个重点防控区域，实施重点治理。加强污染源严格监管，将整治重金属违法排污企业作为环境执法监管的重点，多次排查整治重金属采选冶炼、铅蓄电池、皮革、电镀等企业，涉重金属重点行业企业达标排放水平明显提升。

11.1.1.2. 危险废物

"十三五"期间，印发《四川省危险废物集中处置设施建设规划（2017—2022）》，强力推进规划项目实施，危险废物处置利用能力得到大幅提升。全省危险废物综合经营单位共45家，处置利用能力达到221.82万吨/年，其中处置能力32.045万吨/年，利用能力189.775万吨/年。相较

"十二五"末年，新增危险废物综合经营单位13家，新增处置利用能力141.96万吨/年，增幅约208%，其中新增处置能力21.73万吨/年，增幅约653%，新增利用能力120.23万吨/年，增幅约185%。

11.1.1.3. 城镇源

积极推进生活垃圾分类与收运处置。严格贯彻落实《四川省生活垃圾分类和处置工作实施方案》，编制了《四川省生活垃圾中有害垃圾规范处理指导意见》，开展了在社区、高校和机关事业单位的生活垃圾中有害垃圾分类投放处理试点工作。

近五年全省规范处理废弃电器电子产品3000余万台/套，居全国前列。在监管中，四川省生态环境厅紧扣"规范拆解行为、防治固废污染、分离危险废物、确保环境安全"目标，不断创新手段，提升水平，探索出了废弃电器电子产品监管审核工作的"四川模式"，得到了生态环境部示范标杆。

11.1.1.4. 农业源

"十三五"以来，四川省扎实推进农业固体废物的污染防治和综合利用，取得了明显成效：一是综合利用率显著提高。省农业农村厅联合省生态环境厅出台了《四川省畜禽养殖废弃物资源化利用工作考核办法（试行）》，2017年全省畜禽粪污综合利用率达到66%，规模养殖场粪污处理利用设施装备配套率达到81%；2018年全省秸秆综合利用率达到89.1%，2019年各试点县农秸秆综合利用水平稳步提升，综合利用率由88.45%提高到91.23%。二是综合利用模式初步建立。大力推广各类高效轻简秸秆综合利用技术，积极探索秸秆收贮运加用模式构建，完善"收、运、储、加、用"的综合利用产业体系，在试点地区建立了"机械化收集、专合社运输、企业加工、市场运作、财政奖补"的秸秆综合利用工作模式。三是农药包装废弃物回收试点。建立健全了农药包装废弃物回收处置责任机制，按照"属地管理、分级负责、部门协同"原则，推进农药包装废弃物回收处置工作，探索构建"市场主体回收、专业机构处置、公共财政扶持"的回收和集中处置机制，提高管理水平和环保意识。落实主体责任，督促农药的生产者、销售者和使用者及时回收农药包装废弃物并交由具备资质的单位进行无害化处理。四是加强农膜使用技术指导。"十三五"以来，我省积极推广旱地新两熟模式、玉米集雨节水侧膜栽培、水稻集中育秧、水稻直播、水稻苗床免（少）耕旱育秧技术、产业设施栽培等关键实用技术，加强宣传培训，指导科学使用农膜，扎实推进农膜减量化，有效地保护了农业生态环境。

11.1.2 问题与成因

虽然四川省固体废物污染防治工作已取得初步成效，但工作还处于起步阶段，工作基础比较薄弱，历史欠账较多，基础设施缺乏，法律法规制度不健全，信息化管理程度不高。总体而言，固体废物污染隐患依然突出，治理形式依然严峻，治理任务依然艰巨而繁重。

11.1.2.1. 工业固体废物污染防治压力依然较大

一是固体废物产生量巨大。随着四川省产业结构优化、落后产能淘汰、推进企业清洁生产，工业固体废物产量增长速度基本平稳，年平均增长率约7%。全省工业产业结构仍然偏重，企业清洁生产积极性不高，导致工业固废产生量仍然居高不下。

二是综合利用水平较低。2018年全省一般工业固体废物利用率仅34.98%，较2015年下降18%，低于全国平均水平。由于固废处理处置技术研发投入不足，现有技术固废消纳成本高，尤其是四川工业固废体量最大的攀枝花钒钛磁铁矿和德阳磷石膏，导致大量的钒钛磁铁矿和磷石膏以简单堆存处理为主，存在资源浪费的同时也存在较大的环境风险；同时，部分经济可行的技术推广力度不足，社会资金投入少，导致矿山尾矿选矿渣、磷石膏渣等工业固体废物历史存量大，消纳速度慢，其中2018年磷石膏利用率不足50%，相对较低，尾矿仅为7%。

三是建筑垃圾产生量和堆存量底数不清，综合利用不理想，建筑垃圾的处置处于简单和无序化状态。粗放型施工与拆除行为直接造成大量建筑垃圾的产生。因底数不清，且未对产生的建筑垃圾实施分类、回收和消纳管理，大多被随意处置或简单填埋。由于缺乏政策指导，在现有市场条件下，难以形成建筑垃圾回收和资源化利用产业链，制约了建筑垃圾资源化利用的发展。

四是重金属防控总体形势不容乐观。第一是管理方式和手段急需改进。涉重金属行业发展和布局等重金属污染源头控制工作重视不够、措施不足，主要依靠污染源末端治理和基于技术的排放控制模式难以满足风险防控形势的需要；落实企业主体责任过于依赖行政手段，环境经济政策不完善，重金属排污权交易、环境责任险等经济政策尚处于试点探索阶段。第二是重金属历史遗留污染导致的环境风险依然突出。我省部分区域有色金属开发遗留矿渣、冶炼渣、尾矿库等数量多分布广，导致的环境和健康问题不容忽视。第三是管理基础仍然比较薄弱。重金属污染防治监管能力不强，环境质量监测断面布局缺乏针对性。废水和废气中重金属在线监测仪器相关技术规范尚未制定，涉重企业在线监测系统建设刚刚起步，技术尚不成熟。

11.1.2.2. 危险废物精细化管理水平不高

四川省危险废物产生量大、种类多、涉及行业多，近年来危险废物申报家数和产生量均呈现逐年递增趋势，但信息化管理水平不高。非法倾倒、处置危险废物现象时有发生，社会源危险废物（有害垃圾）未规范收集、处理，存在监管制度盲区。危险化学品等中间产物与产品之间的界限模糊不清，难以实施针对性管理，历史遗留和停产关闭企业的危险废物未能得到及时有效处理。部分特殊种类危险废物处置存在短板。

11.1.2.3. 生活垃圾填埋场环境隐患较突出

一是渗滤液处理问题突出。填埋污染控制新标准实施后，许多渗滤液处理设施都需要进行技术改造。二是卫生填埋场建设受阻。随着生活垃圾的收运服务范围增加，生活垃圾成倍增长，导致卫生填埋场使用年限显著缩短，但新建、改（扩）建难度大。三是非正规填埋场的治理亟待完善，随着一大批卫生填埋场的投入使用，简易垃圾堆填场随之封场，但绝大多数仅仅是简单的覆土停用，治理措施不彻底。

11.1.2.4. 农业固体废物污染防治存在盲区

一是粪肥利用机制尚不完善，规模种植发展滞后于规模养殖发展，种植园和养殖场粪污处理利用信息不对称，影响粪肥还田利用。二是秸秆还田体系尚不健全，存在收集难、运输难、储存难等问题，还田成本高，机械装备水平差，秸秆利用结构还待优化，产业化推进难。三是地膜产品执行标准低，生产、销售、使用和回收监管不足，大量不符合要求的地膜充斥市场，难以回收。可降解地膜研发尚存在技术瓶颈，未能成规模推广应用。

11.2 固体废物及危险废物管理目标指标设计

总体目标： 建立完善固体废物综合管理机制体系，基本实现"减量化、资源化、无害化"的管理目标，促进四川省资源节约型和环境友好型社会建设。

具体指标： 四川省固体废物污染防治规划指标体系，综合国家考核指标、国家"无废城市"示范城市建设指标，并结合我省实际制定。

表11-1 固体废物污染防治指标体系

指标类别	指标	2025目标	2030目标	2035目标
一般工业固废	一般工业固体废物综合利用（%）	≥50	≥60	≥70
重金属	全省重点重金属排放量	完成国家下达指标	完成国家下达指标	完成国家下达指标
	重金属重点排污企业达标排放率（%）	100	100	100
	重金属重点排污企业涉重危废安全处置率（%）	100	100	100
危险废物	危险废物集中处置能力（万吨/年）	≥100	≥120	≥150
	危险废物综合利用能力（万吨/年）	≥240	≥270	≥320
农业固体废弃物	畜禽粪污综合利用率（%）	≥90	≥93	≥96
	规模化畜禽养殖场（小区）配套建设废弃物处理设施比例（%）	≥99	100	100

指标类别	指标	2025目标	2030目标	2035目标
农业固体废弃物	全省农作物秸秆综合利用率（%）	≥95	≥97	≥99
	农膜回收率（%）	≥90	≥92	≥95
	主要产粮大县、果菜茶主产区的农药包装废弃物回收率（%）	≥80	≥85	≥90
	行政村生活垃圾得到有效处置（%）	≥95	≥98	100
建筑垃圾	建筑垃圾资源化综合利用率达（%）	≥35	≥40	≥45
生活垃圾	生活垃圾无害化处置率（%）	≥95	≥97	≥99

11.3 固体废物及危险废物管理改善策略与方案

坚持以减量化、资源化和无害化为原则，坚持"查、提、建、管"并重，强化固体废弃物的分类处置，建立健全主体多元协同共治的固体废物污染防治体系。筑牢"美丽天府"的大地之基，为建成"无废社会"奠定坚实基础。

11.3.1 工业源

优化产业结构。结合四川省三大主体功能区定位及城市发展规划，按照长江经济带产业发展市场准入负面清单，制定禁止和限制发展的行业、生产工艺、产品等目录，严格新（改、扩）建涉重、涉危重点行业建设项目环境准入。建立健全企事业单位重金属污染物排放总量控制制度，严格落实全省新建涉重金属重点行业企业重金属排放量"等量替换"或"减量替换"。严格执行"三线一单"生态环境分区管控要求，推进铅蓄电池、电镀、有色金属冶炼等行业园区建设，引导涉重、涉危企业进入工业园区，实现园区集聚发展。

实施清洁生产。一是鼓励固体废物产生量大的企业开展清洁生产。加快采选、冶炼等行业生产工艺提升改造，延伸重点行业产业链，强化资源高效利用和精深加工，持续推进固体废物减排。针对有色、化工（含磷石膏）等重点行业原料开采，推进绿色矿山建设。二是鼓励自建利用设施。实施园区循环化改造，引入产业链工业副产物交换利用项目、工业固废综合利用项目，实施绿色清洁生产，打造循环经济产业链，消纳园区企业生产过程中产生工业固体废物，促进园区废弃资源的高效利用和循环利用。鼓励年产5000吨及以上一般工业固体废物的单位、各类工业园区或工业集中区，配套建设综合利用项目进行消纳。

加强一般工业固体废物综合利用。拓宽粉煤灰、冶金渣、工业副产石膏等大宗工业固废综合利用渠道，推进城市矿产、资源循环利用基地、水泥窑协同处置等试点示范建设。在德阳、绵阳开展磷石膏综合利用试点，在攀枝花、凉山州开展尾矿综合利用试点，提高综合利用水平。推进石棉县大宗固体废弃物综合利用基地建设。鼓励通过提取有价组分、生产建材、井下填充等途径开展尾矿综合利用。鼓励热电厂或水泥窑协同处置本辖区印染、造纸、污水处理厂等各类污泥以及低价值、无利用途径的一般工业固体废物，实现污泥无害化、资源化处置。

促进建筑垃圾资源化利用。科学编制建筑垃圾资源化利用设施所需场地的专项规划。强化建筑垃圾源头分类收集，完善现有建筑垃圾收运体系。推动构建固定式处置设施、移动式处置设施和现场就地处置设施相结合的建筑垃圾资源化利用模式。推广建筑垃圾再生产品的应用。

推广替代技术。深入实施推进装配式建筑发展三年行动计划，积极推进钢结构装配式住宅建设试点工作，加强成都、广安、乐山、眉山、西昌5个试点城市以及泸州、绵阳、南充、宜宾等100万以上人口城市的管理工作，鼓励满足消费者个性化需求，推进整体厨房卫生间、集成化设备管线、预制装配式轻质隔墙的应用，提高装配化装修水平。积极推广装配式建筑、全装修住宅、建筑信息模型应用、绿色建筑设计标准等新技术、新材料、新工艺、新标准，促进建筑垃圾的源头减量。

积极引导先进技术及产业政策。针对各地企业的工业固体废物特征和体量，构建企业间、企业内具有特色的固体废物循环利用链条，推广应用工业固废综合利用先进适用技术装备，提升工业固体废物综合利用水平，提高资源利用效率，推进工业绿色发展。落实资源综合利用税收政策，企业开展工业固体废物资源综合利用符合相关税收规定的，按规定比例享受相关税收优惠政策。

11.3.2 危险废物

提升危险废物处置能力。统筹危险废物处置设施布局。把危险废物集中处置设施纳入公共基础设施建设，科学评估调整危险废物集中处置设施建设规划，优化处置能力配置，为危险废物处置提供"兜底式"保障和应急服务需求，确保全省危险废物实现就近处置。加快危险废物集中处置设施建设。认真落实中央生态环境保护督察及"回头看"整改要求，按期完成危险废物集中处置设施建设。补齐危险废物处置能力短板，确保危险废物实现就近集中处置。因地制宜推进水泥窑协同处置危险废物，鼓励开展水泥窑协同处置生活垃圾焚烧飞灰示范研究。积极探索危险废物利用处置新途径，开展油基泥浆、冶炼废渣、工业污泥等危险废物协同处置试点。研究财政、税收等方面的优惠政策，推动危险废物产业化发展。

提升危险废物综合利用能力。加快废铅蓄电池、含铅废物、含汞废物等综合利用设施建设，逐步形成"市场调控、类别齐全、区域协调、资源共享"的综合利用格局。大力发展危险废物利用和服务行业，推动分类收集与专业化、规模化和园区化利用，积极稳妥发展分类收集、分类贮存和预处理服务行业。建立危险废物回收利用体系，促进各市（州）、大型工业园区内危险废物的有效回收利用。选取成都、德阳、绵阳和攀枝花等条件较为成熟的重点区域、重点行业开展危险废物综合利用试点工作。

提升医疗废物处置能力。加快医疗废物处置设施建设。补齐医疗废物处置短板，建立以市（州）为中心、重点县为节点的医疗废物处置体系，在2022年6月底前综合考虑地理位置分布、服务人口等因素，设施区域性收集中转或医疗废物设施，实现每个县（市）都建成医疗废物收集转运处置体系，鼓励发展医疗废物移动处置设施，为偏远基层提供就地处置服务。探索建立医疗废物跨区域集中处置的协作机制和利益补偿机制。

11.3.3 城镇源

加强生活垃圾资源化利用。加强生活垃圾分类管控，推进生活垃圾中有害垃圾的分类收集与利用处置，推广可回收物利用、生物处理等资源化利用方式，促进餐厨垃圾资源化利用。

提升生活垃圾处置能力。强力推进规划《四川省生活垃圾焚烧发电中长期专项规划》，通过加快处理设施建设、强化垃圾前端收集、加强监管能力建设，到2030年累计实施生活垃圾焚烧发电项目80个，基本实现生活垃圾焚烧发电设施县城全覆盖。

强化废弃电器电子产品规范化处理。探索废弃电器电子产品处理企业评估方案，结合企业实际合理调配许可处理能力。帮助指导处理企业根据市场发展需要和自身生产经营情况，加大技术改造投入力度，加强拆解产物无害化处置和资源化利用设施建设，差异化延伸发展产业链，在企业间形成良性竞争、能力互补的关系。力争保持全省废弃电器电子产品年规范处理量在500万台/套以上。

11.3.4 农业源

促进农业固体废物资源化利用。推进畜禽粪污资源化利用重点县项目，每年创建部省级标准化示范场100个，每年选择10个县（市、区）开展省级畜禽粪污资源化利用重点县项目整县推进试点。推广高效轻简农用技术，培育秸秆收储专业合作组织，建立健全政府推动、市场化运作的秸秆收运储服务体系。

科学选用农膜。推广新技术新模式减轻残膜污染，试验示范新型可降解地膜等新型替代产品，在适宜区域加大旱地新两熟耕制改革，指导农民使用地膜覆盖机具科学覆膜，尽量减少地膜使用。

第十二章 保护丰富多样和谐共生的自然生态

12.1 生态保护现状与形势

坚持践行"山水林田湖草沙冰是一个生命共同体"的理念，持续推进国家公园、大江大河、高山峡谷、生态脆弱区等重点区域生态建设，保护修复森林、草原、湿地等自然生态系统，筑牢长江—黄河上游生态屏障，展现秀美生态新面貌。

12.1.1 现状与基础

2021年四川省生态环境状况良好，生态环境状况指数（EI）为71.7，同比上升0.4。生态环境状况二级指标生物丰度指数、植被覆盖指数、水网密度指数、土地胁迫指数和污染负荷指数分别为63.7、87.7、33.6、83.2和99.8，同比上升0、1.0、1.0、0和0。截至2021年，全省共建有自然保护区166个，其中国家级自然保护区32个，省级自然保护区63个，市县级自然保护区71个，保护区总面积8.31万平方公里，占全省幅员面积的17.09%。

12.1.1.1. 生态保护与修复方面

长江黄河上游生态屏障建设成效明显，重要生态系统保护取得进展，局部区域生态环境得到改善，生物多样性保护工作成效明显，基本形成较完整的生态保护与建设体系。加强生态保护监测能力建设，率先开展国家级自然保护地的人类活动本底遥感监测与疑似问题清单编制工作。

加强黄河流域生态保护建设，实施草原生态修复治理1646万亩。投资16177万元，在14个县实施天然草原退牧还草工程。编制川西北地区沙化土地土壤改良、沙棘栽培、封禁管护等技术规程，治理沙化土地11.3万亩，实施省级沙化土地封育保护试点1万亩。治理岩溶区400平方公里，综合治理长江上游干旱河谷生态4.5万亩。修复川西北高原退化湿地4.5万亩，实施退牧还湿11万亩，管护湿地482万亩。印发《四川省重要湿地认定办法》，推荐理塘无量河申报国际重要湿地、阆中创建国际湿地城市。5个国家级湿地公园（试点）通过验收、授牌。九寨沟地震灾后重建生态环境修复保护有序推进。

12.1.1.2. 绿化建设方面

2021年，四川省森林覆盖率达到40.2%，提高0.17个百分点。8个市建成10公里以上竹林风景线17条，共370公里。"宜长兴""纳叙古"两条标志性百里翠竹长廊基本建成。完成龙泉山"包山头"植树6000亩，全省3362万人次义务植树1.28亿株。实施退耕还林还草24.6万亩，完成长江干支流营造林167.8万亩，精准提升森林质量7万亩，建设国家储备林2万亩。建设公益林58万亩，抚育国有中幼林115.3万亩。眉山创建为国家森林城市。《四川省古树名木保护条例》颁布实施，1万余株一级古树和名木挂牌，试点建成6个古树公园，设立了古树名木保护专项基金。川西北林木采伐同比减少30%，森林覆盖率提高0.54个百分点。全省3.7亿亩林地和2.6亿亩公益林落到地块图斑，实现"一张图""一套数"管理。全年落实1680宗各类建设项目，使用林地11万亩，收缴森林植被恢复费12.8亿元。新增治理沙化土地146万亩，荒漠化趋势得到初步遏制。

12.1.1.3. 自然保护区方面

生态环境厅、水利厅、农业农村厅、省林草局组织开展了自然保护地强化监督，对12个市（州）开展了联合执法检查，共核查疑似问题点位9087个。调整宣汉百里峡、南江光雾山、合江佛宝、盐亭白鹭、青川毛寨、壤塘杜苟拉、巴塘措普沟、剑阁西河湿地、大邑黑水河等9个自然保护区。对德阳九顶山、天全喇叭河、小金四姑娘山和万源花萼山自然保护区开展了生态状况评估试点。

12.1.1.4. 生态保护红线方面

在全省已划定14.9万平方公里生态保护红线基础上，自然资源厅和生态环境厅开展生态保护红线评估优化工作。编制完成《四川省生物多样性优先区域保护规划》。

12.1.1.5. 生态文明示范创建方面

截止到2021年底，生态文明建设成绩突出，四川省共建成22个国家生态文明建设示范县和6个"绿水青山就是金山银山"实践创新基地，生态文明示范创建西部领先，创建数量位居全国第六位、西部地区第一位。

12.1.2 形势与挑战

四川省作为长江黄河上游重要生态屏障，生态保护修复任务艰巨，全省尚有大面积沙化、石漠化土地，水土流失总面积广，在全球气候变化的大背景下，川西北高原湿地局部面积缩小、水位下降，草原沙化呈现加重趋势，治理修复难度大。随着社会经济的快速发展，大量生态空间被挤占，生态保护红线守护难度增加，水电、矿产资源集聚区和生态脆弱区与生物多样性保护功能区高度耦合，不可避免地带来生态破坏。总体而言，生态保护与开发建设的矛盾依然存在，生物多样性恶化趋势尚未得到根本性扭转。

12.2 生态保护目标指标设计

到2025年，生态环境质量持续改善，生态系统服务功能持续增强，筑牢美丽四川建设本底。到2030年，生态环境质量进一步持续改善，生态系统服务功能进一步持续增强，美丽四川建设取得决定性胜利。到2035年，生态环境质量根本改善，生态系统状况根本好转，生态安全屏障体系基本建成，"蜀山常现、清水常流、绿入城中、沃野千里"的美丽四川画卷基本绘就。

表12-1　四川省生态保护修复指标体系

指标	2025目标	2030目标	2035目标
生态环境状况指数	74	75	76
重点生态功能区所属县域生态环境状况指数	>55	>57	>60
自然保护区占全省面积的比例（%）	20%	23%	25%
森林覆盖率（%）	41	43	45
国家重点保护野生动植物种类保护率（%）	90	95	100
生态保护红线面积（%）	32	34	35
建成区绿化覆盖率	50	53	55
人均绿地面积（平方米）	12	15	18

12.3 生态保护提升策略与方案

把保护好森林、草原、湿地等生态系统作为四川省生态保护和治理的鲜明导向，把严守生态保护红线、持续生物多样性保护作为四川省生态保护的重点任务。

12.3.1 守住自然生态安全边界

筑牢"两廊四区、八带多点"生态安全格局。统筹山水林田湖草沙冰系统治理和空间协同保护，加强川滇森林及生物多样性、若尔盖草原湿地、秦巴生物多样性、大小凉山水土保持和生物多样性四大重点生态功能区建设，实施森林提质、草地湿地保护和脆弱区修复，提升若尔盖、石渠等黄河上游区域水源涵养能力。优化岷山—横断山、羌塘—三江源两大生态走廊，保护森林、草原、湿地等自然生态系统，推进野生动物迁徙等重要廊道建设。加强长江—金沙江、黄河、嘉陵江、岷江—大渡河、沱江、雅砻江、涪江、渠江八条江河生态带保护和修复，统筹上下游、左右岸、干支流、水陆地整体保护。

强化自然保护地建设。推进以国家公园为主体的自然保护地体系建设，全面建设大熊猫国家公园，推进若尔盖国家公园建设。加强自然保护区规范管理，保护典型自然生态系统、珍稀濒危野生动植物种的天然集中分布区、有特殊意义的自然遗迹区域。加强森林公园、湿地公园、地质公园等各类自然公园的保护和建设，有效保护珍贵自然景观资源、地质地貌、古树名木，及其所承载的自然资源、生态功能和文化价值。到2035年自然保护地占比达到19%，形成类型多样、布局合理、功能稳定、管理规范的自然保护地体系。

严守生态保护红线。落实生态保护红线管控边界，加强红线区生态保护与修复，优先保护良好生态系统和重要物种栖息地，建立和完善生态廊道，提高生态系统完整性和连通性。分区分类开展受损生态系统修复，改善和提升生态功能，维护"四轴九核"生态保护红线格局。完善生态保护红线监管制度，因地制宜推进生态保护红线地方性法规制定，加强生态保护红线日常监管及动态变化评估，开展生态保护修复成效评估。到2035年生态保护红线占比不低于30.7%。

12.3.2 恢复良性循环的生态系统

强化森林生态系统保护。深入开展国土绿化行动，全面推行林长制，提升森林生态系统功能。加强长江、黄河流域绿化，继续实施天然林保护修复、退耕还林、公益林保护等重点生态工程。精准提升森林质量，推进森林抚育、退化林修复、封育管护，实施人工纯林改造，培育复层异龄混交林。完善天然林保护修复制度，健全和落实天然林管护体系，加强管护基础设施建设，实现管护区域全覆盖。加强松材线虫病等森林重大有害生物防控，完善森林防火体系。

强化草原生态系统保护。以遏制草原退化、实现草畜平衡、提升草地生态功能为重点，开展草原生态保护建设。严格保护黄河源头天然草原，以甘孜、阿坝为重点区域，对严重退化、沙化、盐碱化草原实行禁牧封育。以黄河流域为重点，持续推进高原牧区减畜计划和退化草原生态保护修复，加强草原鼠虫害防治。实行基本草原保护制度，划定和保护基本草原，优化草原生态保护奖补机制。

加强湿地保护修复。优化湿地保护体系空间布局，逐步提高湿地保护率。以遏制湿地萎缩与退化、扩大湿地面积、提升湿地生态服务功能为重点，开展湿地保护与修复，推进退耕还湿、退养还滩和人工湿地建设。实施湿地保护与恢复工程，落实若尔盖、泸沽湖湿地保护，建设西昌邛海、遂宁观音湖、眉山东坡湖、泸州长江等一批湿地公园。加强长江干支流河岸滩涂保护修复，提升岸线生态功能和自然景观，保护修复江心洲及沿河生态湿地。

强化生态修复治理。统筹实施国土空间生态修复，以坡耕地水土流失治理为重点，开展水土流失综合治理，提升生态系统水源涵养和水土保持功能。加强岩溶地区石漠化综合治理，持续推进川西藏区沙化土地治理，逐步恢复和提升林草植被覆盖度。开展金沙江、雅砻江—安宁河、大渡河、岷江—白龙江等干旱河谷地区植被恢复试点。加强地质灾害防治。因地制宜推进矿山生态修复。

保护荒漠生态系统。深入推进岩溶地区石漠化治理工程，加强凉山、宜宾、泸州等岩溶地区石漠化综合治理，有效提升林草植被盖度，减轻水土流失，遏制石漠化蔓延。持续推进川西藏区沙化土地治理工程，开展畜草平衡建设，科学防治鼠兔危害，转变沙区生产生活方式，逐步恢复沙化土地林草植被。强化地质灾害生态工程治理，修复受损地块，巩固好生态修复成果，实现区域生态良性循环。以金沙江、岷江—大渡河、赤水河干热干旱河谷为重点，开展干旱半干旱地区植被恢复试点。实施道路、水电、建筑等工程创面植被恢复，加强工矿废弃地修复利用和尾矿坝生态治理，推进重大地质灾害点生态修复。

12.3.3 保护生物多样性基因宝库

持续开展珍稀濒危物种保护。优化生物多样性保护网络，保护修复大熊猫、川金丝猴、四川山鹧鸪等珍稀濒危野生动植物栖息地、原生境保护区（点），开展珍稀濒危种植物、旗舰物种和指示物种的迁地保护，优先实施重点保护野生动植物和极小种群野生植物保护工程。优化野生动物救护网络，完善布局并建设一批野生动物救护繁育中心，建设兰科植物等珍稀濒危植物的人工繁育中心。严格落实长江十年禁渔制度，保护长江流域珍稀濒危水生生物。

提升生物安全管理水平。加快完善地方生物多样性保护政策法规，推动实施生物多样性保护重大工程，以横断山南段、岷山—横断山北段、羌塘三江源、大巴山、武陵山等生物多样性保护优先区域和黄河流域、赤水河、岷江、嘉陵江、雅砻江锦屏大拐弯段等重点流域为重点开展生物多样性本底调查，完善生物多样性观测监测预警体系，加强紫荆泽兰、福寿螺、水花生等外来物种防控。

加强区域国际合作。借助生物多样性公约和湿地公约等缔约方大会、"一带一路"绿色发展国际联盟等契机和平台，加强生物多样性保护与绿色发展领域的区域国际合作，积极宣传推广山水林田湖草沙生态修复、大熊猫国家公园建设等生物多样性保护经验和成果，为我国主动参与全球多边环境治理提供四川案例，加强生物多样性保护知识、信息、科技交流，提升国际影响力。

12.3.4 持续推动生物多样性保护

开展生物多样性调查和评估。在横断山南段、岷山—横断山北段、羌塘三江源、大巴山、武陵山五大生物多样性保护优先区域开展生物多样性本底综合调查和评估，针对重点区域、重点流域、重点物种开展专项调查。加强岷山区域、邛崃山区域生物多样性保护，积极开展大熊猫国家公园体制试点。在成德眉资区域开展生物多样性调查评估和外来物种入侵情况调查评估。在黄河源四川区域对采取的直接或间接的生物多样性保护措施及其执行情况进行调查评估，对生物多样性保护成效进行评估分析。完善四川省生物多样性数据库和信息平台。

实施濒危野生动植物抢救性保护。保护、修复和扩大珍稀濒危野生动植物栖息地、原生境保护区（点），优先实施重点保护野生动物和极小种群野生植物保护工程，开发濒危物种繁育、恢复和保护技术，加强珍稀濒危野生动植物救护、繁育和野化放归，开展长江经济带及重点流域人工种群野化放归试点示范，科学进行珍稀濒危野生动植物再引入。优化野生动物救护网络，完善布局并建设一批野生动物救护繁育中心，建设兰科植物等珍稀濒危植物的人工繁育中心。强化野生动植物及其制品利用监管，开展野生动植物繁育利用及其制品的认证标识。

加强生物安全和入侵物种防治。以紫茎泽兰、凤眼莲、空心莲子草、福寿螺等为重点，开展外来物种现状调查和评估，及时掌握其分布状况、入侵途经和危害程度，建立外来物种管理信息平台。开展外来入侵物种对生物多样性和生态环境的影响研究，建立外来物种入侵风险指数评估体系，制定外来入侵物种防治措施和应急管理工作机制，预防和控制外来物种入侵，维护区域生物安全。

12.3.5 建立生态安全监测预警及监管体系

加强重要生态系统保护监管。严格落实全省生态监管职能，建立以自然保护地、生态保护红线、生物多样性保护为重点的自然生态监管制度，制定自然保护地、生态红线等监管办法，强化山水林田湖草的统一监管。创新监管方式，充分利用区块链、大数据、人工智能、卫星遥感等科技手段提升监管效能，推动全省生态环境监管水平提升。建立生态保护重大政策全过程监管体系，强化事前调查研究，加强事中宣传引导，实施事后绩效评估，开展社会稳定风险评估。

加大生态保护红线监督管理。加快建设四川省生态保护红线监管平台，积极对接国家生态保护红线监管平台，建立省级层面与市州协同的生态保护红线监管工作机制，形成立体监测、网状覆盖的省市联动监管体系，建立生态保护红线监管技术规范，形成生态保护红线监管"一套标准"。建设和完善生态保护红线综合监测网络体系，充分发挥地面各类监测站点和卫星的生态监测能力，布设相对固定的生态保护红线监控点位，及时获取生态保护红线监测数据。开展定期评价和绩效考核，落实生态保护红线评估机制，定期组织开展评价，及时掌握全省、重点区域、县域生态保护红线生态功能状况及动态变化趋势。

加快构建生态保护监测网络。积极推进生态状况监测站建设，按照更新改造、共建共享和新建相结合的方式，力争到2025年建成3～5个生态状况监测站，覆盖森林、湿地、草原、水体等典型生态系统。依托宝兴生物多样性生态观测站、西昌邛海湿地生态观测站、四姑娘山站观测站，开展三处生物多样性固定样地建设。在若尔盖国际湿地区域和成都都市圈启动建设两个野外生态观测站。丰富生态状况监测数据体系，拓展生态状况监测领域，统一发布山水林田湖草生态系统状况，服务生态环境监管。

第十三章　建设特色鲜明各美其美的锦绣家园

13.1 农村生态保护现状与形势

四川作为农业大省、农村人口大省，经济基础弱，各地差异性大，乡村基层环境治理能力有限，与农村生态文明建设和乡村振兴战略的要求还有较大差距，有针对性地细化农村生活污水治理和农业面源污染治理与监督指导工作刻不容缓。

13.1.1 现状与基础

农村集中式饮用水水源地水质明显改善。"十三五"期间，全省集中式饮用水水源保护区"划、立、治"工作推进顺利，全省2438个农村集中式饮用水水源地全部完成保护区划定工作，一级保护区隔离防护设施和标志标牌建设完成率分别达到78.7%和93.2%，累计完成1000余个环境问题整治。2020年水质达标率提升至94.1%，劣V类水质水源数量较2016年下降39.0%，水质安全得到有效保障。

农村生活污水治理有序推进。印发了《四川省农村生活污水治理三年推进方案》（川环发〔2020〕13号）和四川省《农村生活污水处理设施水污染物排放标准》（DB51/2626-2019），指导农村生活污水治理。积极在仪陇县、巴中市巴州区、南江县开展第一批国家农村生活污水治理试点，以点带面推进治理工作开展。2019—2020年，安排8亿元省级财政以奖代补资金，用于农村生活污水治理"千村示范工程"建设。截至2020年底，全省17075个行政村（含涉农社区）生活污水得到有效治理，占比58.37%，超额完成2020年总体目标任务。

农村黑臭水体整治工作顺利起步。印发《关于开展农村黑臭水体排查工作的通知》（川环办函〔2020〕96号），组织开展全省农村黑臭水体排查，初步摸清了全省农村黑臭水体底数，共排查出农村黑臭水体298个，其中纳入国家监管159个，地方监管139个，形成《四川省农村黑臭水体清单》上报生态环境部备案，同时采取季调度方式，动态更新农村黑臭水体清单及整治进展。阆中市和苍溪县入选全国第一批农村黑臭水体整治试点示范县。截至2020年底，已完成5个国家监管农村黑臭水体整治，初步探索了丘陵地区农村黑臭水体整治模式。

农村生活垃圾治理体系日趋完善。基本建立村收集、乡（镇）转运、县（市、区）处理为主，片区处理和就近就地处理为辅的农村生活垃圾处理模式。2017年以来，全省共摸排出非正规垃圾堆放点1619处，截至2020年底已完成整治1618处。全省农村生活垃圾收运处理体系覆盖的行政村占比92%，全国农村生活垃圾分类和资源化利用示范县达9个。

种植业污染防治系统推进。一是大力实施化肥农药减量增效行动，2020年化肥、农药用量分别减少至210.8万吨和4.21万吨。二是围绕农膜减量替代，推广关键实用技术，全省废旧农膜回收利用率达80.2%。三是扎实推进全省秸秆综合利用和全域利用试点，全省秸秆综合利用量达2865万吨，综合利用率达90%以上。四是积极宣贯农药包装废弃物回收处理相关法规制度，推进标准化农药经营门店示范创建，全省累计建立农药包装废弃物回收点47301个。

生态健康养殖模式逐渐形成。一是大力推广种养循环等模式,实现全省63个畜牧大县畜禽粪污资源化利用整县推进项目"全覆盖"。截至2020年底,全省畜禽粪污综合利用率达到75%。二是持续推进水产养殖用药减量,推广绿色健康养殖模式,并在泸州市龙马潭区、盐亭县、内江市市中区、营山县等县(区)开展集中连片池塘养殖尾水治理。

13.1.2 形势与挑战

虽然"十三五"时期四川省采取了一系列措施加强农村环境保护工作,取得了明显成效,但农村突出环境问题尚未得到根本解决。主要存在以下四个方面。

13.1.2.1.农村人居环境还未得到根本改善

农村生活污水治理能力不足。全省农村地区居民居住分散,地形复杂多样,盆地、丘陵、平原、高原同时存在,管网建设难度大,投资高,污水收集率低,生活污水收集困难。部分地区盲目追求"高排放标准""无动力""零"运行费用,导致运行成本高、处理不达标、运行管理难等问题出现。全省农村生活污水治理项目缺乏工程建设、设备质量等相关标准规范,部分项目选址不合理、工程质量大打折扣,设施设备选择不合理,管网破裂现象时有发生,导致污水处理设施运行不正常。全省农村地区总体经济发展水平低,财政薄弱,社会资本投入少,资金来源渠道窄,农村生活污水治理投资高,资金投入不足,导致工程建设无法完整实施,已建设施难以保障稳定运行,反而成为农村的集中排污点。农村生活污水处理普遍重建设、轻运维,管理制度不完善、措施落实不到位,设施运维责任人不明确,村集体积极性不高。

农村生活垃圾污染仍未得到根本好转。一是前端生活垃圾分类减量效果不明显。二是全省农村收集、转运、处置设施数量依然不足,配置标准不高,仍存在较多露天垃圾池,密闭运输率低。三是农村生活垃圾转运距离远、费用高,导致垃圾清运不及时、不到位,治理易反弹。

农村卫生厕所改造模式不够成熟。全省地形地貌复杂,针对不同地区的改厕模式还需要实践检验，尤其是高寒缺水地区和民族地区的农村改厕模式都还处在探索阶段。资金投入保障不足，筹资渠道狭窄，存在省级财政有限、市县财力不足、乡镇财政窘迫、村级集体经济薄弱的困境。群众参与程度还不够，农民对于改厕需求不同，部分农民群众不愿意改变传统落后的生活习惯，同时政府大包大揽和政策宣传不到位的情况仍然存在，导致部分地区农民参与程度不够。

13.1.2.2. 畜禽养殖污染防治水平有待提高

一是资金保障不足。目前，四川省全面开展了畜禽养殖标准化建设，全省63个国家生猪调出大县中，尚有36个未实施国家畜禽粪污资源化利用项目，其他120个县（市、区）粪污资源化利用资金投入严重不足。二是种养布局脱节。部分地区种养布局不协调，为种而养方面规模种植园未配套相应规模有机肥保障的养殖场，粪肥还田的管、网、池等基础设施不配套；为养而种方面规模养殖场未配套相应的饲草料种植基地。三是畜禽养殖污水深度处理水平较低。部分养殖场的粪污未经处理直接排放，畜禽粪便资源化利用率不高，部分养殖场粪污贮存、治理配套设施建设不符合技术规范，设施管理不完善、运行不稳定、粪污处理效果不佳。四是粪肥利用运行机制不够完善。规模种植发展滞后于规模养殖发展，加之种植园和养殖场粪污处理利用信息不对称，影响粪肥还田利用，畜禽养殖粪肥商品化率偏低，使用者付费机制尚未全面建立。五是养殖用地约束紧。规模养殖用地需求不断增加，受用地计划、耕地保护、永久基本农田划定、畜禽养殖禁养区划定等因素影响，土地资源短缺已经成为规模养殖发展的最大制约。

13.1.2.3. 农业废弃物综合利用水平较低

秸秆高效利用水平低。一是收储运体系不完善。四川省秸秆产生时间集中在5—7月和9—11月，农作物茬口紧，秸秆收集时间高度集中，秸秆收储设施建设滞后，秸秆收集难、运输难、储存难等问题普遍存在。二是机械装备水平差。全省秸秆收割、粉碎、捡拾、打捆等装备缺乏，丘陵区和山地区等机械化作业难，小型粉碎设备推广力度不够。三是高效利用水平低。秸秆利用结构亟待调整优化，非农用水平亟待提高，全省秸秆农用占比80%以上，非农利用占比不足20%，在农用方面，还田利用占比高达60%以上，其他利用方式不足40%。四是产业化推进难。全省秸秆利用专业合作社、企业生产规模普遍偏小，技术水平普遍偏低，经济效益普遍较差，部分专业合作社和企业生产运行困难。

农膜回收利用困难。一是新地膜产品执行标准低。地膜生产标准宽松，对地膜生产、销售、使用和回收监管不足，大量超薄、低强度、易老化、寿命短、易破碎的地膜充斥市场。二是地膜产品回收难度大、效率低。目前，四川省大部分地区农膜回收主要以人工捡拾为主，由于回收率低、与秸秆和土壤分离等问题，表面地膜机械回收还未推广应用。三是回收经济效益差、积极性不高，企业普遍面临回收成本高、收益差等问题，回收价格对农民缺乏吸引力，导致农民自觉回收地膜的积极性不高。四是可降解地膜应用面临造价高、技术瓶颈等多方面的制约。

13.1.2.4.农村生态环境监管能力薄弱

四川省管理机制还不够健全，农村环境保护职能牵涉部门多，涉及环保、农业、林业、建设、卫生、畜牧等多个部门，没有形成统一协调的管理格局，环境监管网络不健全，统筹机制不完善。基层环境保护机构、人员缺乏，职能缺位、管理薄弱问题十分突出，加上农村环保相关法律法规不完善，对破坏环境的行为缺乏必要的监管和适当的处罚措施。

13.2 农村环境保护目标指标设计

到2035年，乡村风貌有效改善，农业面源污染得到有效遏制，农村生态环境基础设施得到进一步完善，绿色生产生活方式广泛形成，农业农村生态环境根本好转，生态宜居的美丽乡村基本实现。

13.2.1 总体目标

为巩固"十三五"生态建设和环境保护成果，围绕建设长江上游生态屏障战略目标，以改善农村环境质量为核心，加快推进农村环境综合整治。到2025年，全省农村环境状况持续改善，农村饮水安全得到保障，基本解决农村生活污水治理、农村生活垃圾处理处置问题，农村面源污染得到有效控制，长效管护机制逐步完善，农村环境监管能力得到加强，农民环保意识普遍增强。到2035年，农村生态环境得利根本好转，基本实现农业农村现代化，美丽农村全面实现。

13.2.2 具体指标

表13-1　四川省农业农村环境污染防治具体指标

防治类别	指标名称	2020	2025	2035
农村饮用水	农村集中供水率达（%）	90	95	98
	农村自来水普及率（%）	90	95	98
	农村饮用水水源地水质达标率（%）	90	95	98
农村人居环境整治	阿坝、甘孜、凉山州地区农村生活污水处理覆盖率（%）	25	50	75
	川东北经济区农村生活污水处理覆盖率（%）	47	70	90
	其余地区农村生活污水处理覆盖率（%）	60	80	95
	卫生厕所普及率（%）	85	95	98
	生活垃圾处理率（%）	90	95	98
	生活垃圾分类处理率（%）	40	50	70
种植业	主要农作物化肥利用率（%）	40	43	50
	主要农作物农药利用率（%）	40	45	50
	主要农作物测土配方施肥技术推广覆盖率（%）	90	98	99
	主要农作物绿色防控覆盖率（%）	30	50	90
	主要农作物病虫害专业化统防统治覆盖率（%）	40	50	70
	农田灌溉水有效利用系数	0.48	0.51	0.57
	农作物秸秆综合利用率（%）	90	90	98
	农作物秸秆养分还田率（%）	60	70	90
	废旧农膜回收率（%）	80	85	95

防治类别	指标名称	2020	2025	2035
种植业	粮经作物主产区农药包装废弃物回收率（%）	70	80	85
	受污染耕地安全利用率（%）	94	95	97
养殖业	全省畜禽粪污综合利用率（%）	75	80	98
	规模养殖场粪污处理设施装备配套率（%）	95	97	98
	水产标准化健康养殖示范比重（%）	68	75	90

13.3 农村环境保护改善策略与方案

推进乡村生态振兴，持续改善农村人居环境，优化村庄建设布局，提升乡村风貌和建设品质，打造清洁美丽田园，立足农业资源多样性和气候适宜优势，培育特色优势产业，走出乡村生态共富之路。

13.3.1 农业面源污染防治

13.3.1.1. 加强种植业污染防治

持续推进化肥减量增效行动。因地制宜推广测土配方施肥、机械深施、水肥一体化、有机肥替代等高效施肥技术和新型肥料产品，扩大化肥减量增效试点范围。加强与畜禽粪污资源化利用有机结合。到2025年，主要农作物化肥利用率达到43%，主要农作物测土配方施肥技术推广覆盖率达到98%以上；到2035年，主要农作物化肥利用率达到50%，主要农作物测土配方施肥技术推广覆盖率达到99%以上

持续推进农药减量增效行动。继续创建绿色防控示范县，实施绿色防控替代化学防治行动，大力推广生态控制、生物防治、理化诱控等绿色防控技术。实施生物农药替代化学农药，低毒农药替代高毒农药行动。大力推广高效植保机械和专业化统防统治，强化科学用药技术集成应用，推广精准高效施药、轮换用药等科学用药技术，提高农药利用率。到2025年，主要农作物农药利用率达到45%，主要农作物绿色防控技术覆盖率主要达50%，农作物病虫害专业化统防统治覆盖率达50%；到2035年，主要农作

物农药利用率达到50%，主要农作物绿色防控技术覆盖率主要达90%，农作物病虫害专业化统防统治覆盖率达70%。

加强秸秆资源化利用。以秸秆规模化、多元化、高值化、产业化利用为方向，加快形成布局合理、循环利用、可持续运行的综合利用格局。坚持农用为主，分区域推广高效轻简农用技术，在平坝区全面推广秸秆机械粉碎还田，在丘陵区重点推广机械粉碎还田和快速腐熟还田，在山区重点推广覆盖还田腐熟、集中堆沤腐熟还田。深入推动秸秆产业化发展，强化政策聚焦，深入挖掘秸秆农用潜力，在成都、德阳、南充等市大力培育秸秆产业化，提高秸秆商品肥料加工利用、秸秆商品饲料加工利用、秸秆基料化利用、秸秆原料化利用等非农领域产业化利用水平，推进秸秆由低效利用向高效利用转变。健全秸秆收运储体系，培育秸秆收储专业合作组织，建立健全政府推动、市场化运作的秸秆收运储服务体系。加强秸秆加工企业、秸秆收储专业合作社收储能力建设。加强秸秆收割、粉碎、捡拾、打捆等装备研发、推广和购置，提升秸秆收集和处理机械化水平。到2025年，全省秸秆综合利用率达到90%以上，农作物秸秆养分还田率达到70%以上；到2035年，全省秸秆综合利用率达到98%以上，农作物秸秆养分还田率达到90%以上。

加强农膜和农业包装废弃物管控。推广集中育秧育苗、水稻直播、果园生草、秸秆覆盖栽培等农田地膜减量替代技术。以成都、南充、达州等城市为试点，推广新标准地膜应用，加强生物可降解地膜技术研发与应用示范。加强适时揭膜、机械拾膜等技术示范推广，积极引进机械回收农田残膜的新技术、新设备。引导企业源头减量，推广易于回收处理和再生利用的农膜和农业包装材料。加强回收处理，因地制宜探索回收模式，推行使用者自发回收，开展农膜和农业包装废弃物回收处理试点，加强试点经验总结，推进回收处理有序开展。到2025年，实现全省废旧农膜回收率达到90%以上，粮经作物主产区农药包装废弃物回收率达到75%以上，试点县肥料包装废弃物回收率达到80%以上；到2035年，实现全省废旧农膜回收率达到95%以上，粮经作物主产区农药包装废弃物回收率达到85%以上，全省肥料包装废弃物回收率达到90%以上。

13.3.1.2. 畜禽养殖污染治理

加强畜禽粪污处理设施建设。加强规模化畜禽养殖场（区）标准化改造和畜禽粪污处理设施建设。以成都平原、丘陵地区、盆周山区为重点，大力开展畜禽养殖粪污资源化利用工程。以农用有机肥和农村能源为主要利用方向，以沼气和生物天然气为主要处理方式，推广畜禽粪污全量收集还田利用、专业化能源利用、固体粪便肥料化利用、肥水肥料化利用等技术模式。建立完善粪污储存、回收和利用体系，培育壮大畜禽粪污处理专业化、社会化组织，拓宽畜禽粪污产业化利用。到2025年，全省畜禽粪污综合利用率达80%以上，规模养殖场粪污处理设施装备配套率达97%；到2035年，全省畜禽粪污综合利用率达98%以上，规模养殖场粪污处理设施装备配套率达98%。

科学布局水产养殖空间。统筹生产发展与环境保护，稳定水产健康养殖面积，保障养殖生产空间。深入推进养殖水域滩涂规划落地，科学划定禁止养殖区、限制养殖区和允许养殖区，加强重要养殖水域滩涂保护。开展水产养殖容量评估，科学评价水域滩涂承载能力，合理确定养殖容量。科学确定湖泊、水库、河流等自然水域网箱养殖规模和密度，调减养殖规模超过水域滩涂承载能力区域的养殖总量。科学调减公共自然水域投饵养殖，鼓励发展不投饵的生态养殖。到2025年，水产研制也绿色发展缺德明显进展，生产空间布局得到优化，优质水产品市场供给保障能力得到加强，优美养殖水域生态环境基本形成，健康养殖示范面积达到68%以上，产地水产品抽检合格率保持在98%以上；到2035年，水产养殖布局更趋科学合理，养殖管理制度和监管体系健全，产品优质、产地优美、装备一流、技术先进的养殖生产现代化基本实现。

强化饲料添加剂、兽药等投入品监管。在全省范围开展强化饲料质量安全"全覆盖"监测，建立从原料采购到产品销售全过程可追溯的质量管理体系，以安全、高效、低残留的兽药产品为重点，开展兽用抗菌药减量使用示范创建，逐步禁用促生长用兽用抗菌药。

加强病死畜禽无害化处理。在全省范围加快无害化处理体系建设，引导社会资本投资，推行跨行政区域建设无害化处理场，合理配套建设收集站点，以适宜区域范围内统一收集、集中处理为重点，推动建立集中处理为主，自行分散处理为补充的处理体系，逐步提高专业无害化处理覆盖率。规范病死畜禽无害化处理，推行无害化处理体系健全的地区集中处理，不具备集中处理条件的地区，加强无害化处理设施配套。加强无害化处理监管，以成都平原、丘陵地区、盆周山区的规模养殖场和无害化处理企业为重点，完善畜禽死亡报告、定点收集、核实登记等制度。建立无害化处理监管信息系统，推动实施病死畜禽无害化处理信息化监管。开展无害化处理设施和运输车辆病原检测，加强生物安全防控措施。加强补助资金使用监管，扩大畜禽保险覆盖面，完善病死畜禽无害化处理与保险联动机制，拓宽病死畜禽无害化处理支持渠道。

推进水产养殖尾水治理。推动出台水产养殖尾水污染物排放标准。大力推广原位生态修复治理、集中生物净化、人工湿地处理等生态净化方式，由点到面，推进养殖尾水资源化利用和达标排放。推广应用物联网技术，加强水产养殖集中区域渔业水域环境监测，在集中养殖区域探索养殖尾水设施建设、运维和监测的长效管理机制。到2025年，水产养殖主产区规模化养殖场实现尾水达标排放；到2035年，养殖尾水全面达标排放。

13.3.2 农村人居环境整治

13.3.2.1. 加强农村生活污水治理

梯次推进农村生活污水处理设施建设。统筹规划，加快补齐农村生活污水处理设施短板，在岷江、沱江、嘉陵江等重点流域、环境敏感区及污染较重区持续开展"千村示范工程"，优先安排15户或50人以上的农村居民聚居点建设生活污水处理设施，加强农家乐、民宿等经营主体的生活污水处理。加大污水管网建设力度，与新建污水处理设施配套的管网同步设计、同步建设、同步验收，推动城镇污水管网向周边村庄延伸覆盖，逐步推进雨污管网分流建设。推进污泥妥善处置，加强污泥处理处置设施建设，合理选择污泥处理处置技术，推广污泥堆肥等资源化利用，扩大污泥衍生品综合利用途径，加强污泥收储运管理。到2025年，阿坝、甘孜、凉山州地区农村生活污水处理覆盖率达到50%，川东北经济区农村生活污水处理覆盖率达到70%，其余地区农村生活污水处理覆盖率达到80%；到2035年，阿坝、甘孜、凉山州地区农村生活污水处理覆盖率达到75%，川东北经济区农村生活污水处理覆盖率达到80%，其余地区农村生活污水处理覆盖率达到95%。

推动老旧污水处理设施整改。对照新的排放标准和管理要求，对早期已建成投用的设施进行全面排查，优先完成主要河流干流沿线、重要饮用水源保护区范围内的老旧污水处理设施提升改造。2022年底前，完成全部老旧污水处理设施提升改造。

加快标准制定修订。构建完善的农村生活污水治理标准体系，加快研究出台农村生活污水治理设施质量标准。强化技术指导，完善农村生活污水治理技术导则、运维管理规范。

完善长效管护机制。加强农村生活污水收集管网监管，严格管护标准，建立管网故障应急机制。开展农村生活污水信息化管理试点建设，综合运用物联网、大数据等现代信息技术，提升在线监管、预警与应急能力。健全资金投入机制，强化资金保障，引导鼓励社会资本参与生活污水治理。建立专业化、市场化运营机制，以行政辖区为单元，委托专业机构开展第三方运营，探索建立财政补贴、村集体自筹和农户付费合理分担机制。加强宣传教育，引导村民自觉参与生活污水处理设施维护。

13.3.2.2. 全面推进农村生活垃圾处理

建立完善农村生活垃圾分类治理体系。推行"分类投放、分类收集、分类运输、分类处理"的处理模式。以南充、德阳为试点，建设简便易行的农户分类收集体系，推广农户源头分类和保洁员二次分类收集法。建设完善匹配的分类运输体系，以全过程分类为目标，建立和完善初次分类后各类生活垃圾转运设施建设，可回收物和有害垃圾配备专用车辆进行运输，其他垃圾由现有转运系统进行运输。建立完善规范专业的分类处置体系。推广有机易腐烂垃圾就地就近堆肥处理，惰性垃圾村内铺路填坑或就近掩埋，可回收垃圾进行资源化处理，有毒有害垃圾单独收集、妥善处置。到2025年，全省农村生活垃圾分类处理比例达到50%；到2035年，全省农村生活垃圾分类处理比例达到70%。

促进源头减量。严控商品过度包装，推广使用可循环、可降解和易于回收的绿色包装材料，严禁工业固体废物、危险废物、医疗垃圾、建筑垃圾等混入生活垃圾处理体系。

加强收运处置设施建设。在全省范围加强农村生活垃圾收储运、无害化及资源化处置设施建设，补齐终端处置设施短板，推广建设压缩式转运站，普及密闭车辆运输。统筹县（市、区）、乡镇、村三级设施和服务，因地制宜布局生活垃圾转运设施，科学规划终端处置设施投放点，构建统一完整、运转顺畅、闭环高效的农村生活垃圾收集、转运和处置体系。到2025年，全省98%行政村生活垃圾得到有效处理；到2035年，全省98%行政村生活垃圾得到有效处理。

健全长效管护制度。建立和完善农村生活垃圾分类处理技术标准，建立完善"污染者付费"的农村生活垃圾处理收费制度，强化农村生活垃圾分类法制约束能力。健全土地供给机制，保障农村生活垃圾处理设施项目用地。健全保洁机制，加强农村保洁队伍建设。加强生活垃圾分类信息化管理，强化信息技术在生活垃圾分类全程体系中的应用。建立主管部门执法监督、收运单位和责任单位相互监督、社会监督等监督工作机制。健全资金投入机制，强化资金保障，引导鼓励社会资本参与生活垃圾分类工作。加强宣传教育，引导村民自觉参与生活垃圾治理。

13.3.2.3. 持续推进农村卫生厕所改造

分类推进农村卫生厕所改造。在岷江、沱江、嘉陵江等重点流域，环境敏感区及污染较重区大力开展农村"厕所革命"整村示范建设，以"1+6"村级服务中心、学校等为重点，加强公共厕所配套建设。结合农村人居环境整治、美丽四川·宜居乡村建设等政策，加快实施农村户用卫生厕所建设和改造工作。到2025年，全省农村卫生厕所普及率达到95%；到2035年，全省农村卫生厕所普及率达到98%。

同步推进厕所粪污治理。统筹推进农村厕所粪污治理与农村生活污水治理，因地制宜推进厕所粪污分散处理、集中处理或接入污水管网统一处理。推行污水无动力处理、沼气发酵、堆肥和有机肥生产等方式，推广农村厕所粪污资源化利用。

建立健全长效管护机制。大力推广"以商建厕、以商管厕、以商养厕"模式。强化资金保障，建立政府引导与市场运作相结合的后续管护机制。强化农村厕所建设和维护相关人员培训，引导农民组建社会化、专业化、职业化服务队伍。

13.3.2.4. 推进农村水环境综合治理

稳步推进黑臭水体治理。以县级行政区为基本单元，开展农村黑臭水体排查。开展农村黑臭水体治理试点建设，采取控源截污、清淤疏浚、水体净化等措施，统筹推进农村黑臭水体治理、农村人居环境综合整治，强化治理措施衔接整合，加强淤泥清理、排放、运输、处置的全过程管理。加强农村黑臭水体日常管理，推动河（湖）长制向村级延伸，健全常态化管理。建立村民参与机制，健全农村黑臭水体治理专业化、市场化治理和运维机制。加强宣传教育，引导村民自觉参与。

实施河道生态修复。以小流域整治为重点，开展河道拆违、清淤、河面漂浮物清理、河道两岸堆放的废渣与垃圾清除等专项整治。鼓励采取政府购买公共服务方式，引进专业养护公司承担河道保洁工作。加强河道采砂和洗砂管理，对影响水源保护区和水生态的河道逐步实行禁采、禁洗。到2025年，建成水美新村3000个；到2035年，建成水美新村4000个。

13.3.3 美丽乡村建设

13.3.3.1. 科学规划布局美

一是推进成都、南充、德阳等地农村人口集聚，大力培育建设中心村，以优化村庄和农村人口布局为导向，修编完善以中心村为重点的村庄建设规划，通过村庄整理、经济补偿、异地搬迁等途径，推动自然村落整合和农居点缩减，引导农村人口集中居住。开展农村土地综合整治，全面整治农村闲置住宅、废弃住宅、私搭乱建住宅。实施"农村建设节地"工程，鼓励建设多层公寓住宅，推行建设联立式住宅，控制建设独立式住宅。二是推进生态家园建设，全面开展"强塘固房"工程建设，推进农村屋顶山塘和饮用水水源山塘综合整治、水库除险加固、易灾地区生态环境综合治理。推进农村危旧房改造，提高农村人居安全和防灾减灾能力，注重农村建筑与乡土文化、自然生态相协调。三是完善基础设施配套，深入实施农村联网公路、村民饮水安全、农村电气化等工程建设，促进城乡公共资源均等化。

13.3.3.2. 村容整洁环境美

一是切实抓好岷江、沱江、嘉陵江等重点流域、环境敏感区及污染较重区改路、改水、改厕、垃圾处理、污水治理、村庄绿化等项目建设，提升建设水平，构建优美的农村生态环境体系。二是立足农村实际，以城镇、村庄为点，以公路、河流、铁路为线，以农田、片林、经济林为面，最大限度扩大林木面积，增加林木总量，实现点上成景、线上成带、面上成片，把生态亮点打造成景点，串联景点形成景区，建设乡村休闲旅游景观带。三是建立绿化长效管护机制，建立绿化进度通报和督察制度，由纪检、监察部门负责对责任单位实行绿化问责和约谈，实现经常性督促与持续性推进。

13.3.3.3. 创业增收生活美

一是发展乡村生态农业。在成都、南充、德阳等市推进现代农业园区、粮食生产功能区建设，发展农业规模化、标准化和产业化经营，推广种养结合等新型农作制度，发展生态循环农业，扩大无公害农产品、绿色食品、有机食品和森林食品生产。推广有机肥，实施"农药减量控害增效"工程，促进农业清洁化生产。二是发展乡村生态旅游业。充分利用在成都、乐山、眉山等地旅游资源，发掘田园风光、山水资源和乡村文化，发展各具特色的乡村休闲旅游业，加快形成以重点景区为龙头、以骨干景点为支撑、以"农家乐"休闲旅游业为基础的乡村休闲旅游业发展格局。强化"农家乐"污染整治，"农家乐"集中村实行村域统一处理生活污水，推广油烟净化处理等设备，促进"农家乐"休闲旅游业可持续发展。三是发展乡村低耗、低排放工业。按照生态功能区规划的要求，严格产业准入门槛，严禁高耗能高污染的产业到水源保护区、江河源头地区及水库库区入户。推动乡村企业搬迁到乡村工业功能区集聚，严格执行污染物排放标准，集中治理污染。推行"循环减降、再利用"等绿色技术，调整乡村工业产业结构。鼓励有条件的村建设标准厂房、民工公寓，发展村民技能培训服务中心、来料加工服务点和村级物业等，不断壮大村域经济实力。

13.3.3.4. 乡风文明身心美

一是培育特色文化村，借鉴巴中市恩阳区寿文化村的模式，鼓励编制农村特色文化村落保护规划，制定保护政策。在充分发掘和保护古村落、古民居、古建筑、古树名木和民俗文化等历史文化遗迹遗存的基础上，优化美化村庄人居环境，把历史文化底蕴深厚的传统村落培育成传统文明和现代文明有机结合的特色文化村。挖掘传统农耕文化、山水文化、人居文化中丰富的生态思想，把特色文化村打造成为弘扬农村生态文化的重要基地。二是开展宣传教育，在全省范围开展文明村镇创建活动，把提高村民群众生态文明素养作为重要创建内容。深入开展"双万结对共建文明"活动和农村"种文化"活动，开辟生态文明橱窗等生态文化阵地，运用村级文化教育场所，开展形式多样的生态文明知识宣传、培训活动，培育农村生态文明新风尚。三是转变生活方式，结合农村乡风文明评议，开展群众性生态文明创建活动，引导村民生态消费、理性消费。倡导生态殡葬文化，全面推行生态葬法。四是促进乡村社会和谐，全面推行"村务监督委员会"制度，深化"网格化管理、组团式服务"工作，推行以村党组织为核心，以民主选举法制化、民主决策程序化、民主管理规范化、民主监督制度化为内容的农村"四化一核心"工作机制，合理调节农村利益关系，有序引导村民合理诉求，有效化解农村矛盾纠纷，维护农村社会和谐稳定。

13.4 美丽宜居城市改善策略与方案

探索美丽城市路径，营造宜居的生态环境，推动大中小城市和小城镇协调发展，有序推动城市更新，增强城市韧性，形成一城一韵的美丽城市格局，绘就美丽四川画卷。

13.4.1 建设美丽宜居城市

科学制定城市规划。以成渝地区双城经济圈建设、成都都市圈建设等重大发展战略为契机，构建以城市群为主体、国家中心城市为引领、区域中心城市和重要节点城市为支撑、县城和中心镇为基础的现代城镇体系。在城市布局形态、建筑风貌、自然生态等方面有序改造提升，建设一批特色鲜明的城市街区和标志性建筑。以资源环境承载能力和国土空间开发适宜性评价为基础，合理确定城市人口、用水、用地规模及开发建设密度和强度。推动城市组团式发展，建设城市通风廊道。注重延续城市文脉，保护历史文化和自然景观，打造城市特色。加强对城市现有山体、水系等自然生态要素的保护，合理布局绿心、绿楔、绿环、绿廊等结构性绿地，推进绿道体系建设，串联山体、水系、公园，构建连线成片的绿色生态空间。

提升城市综合治理水平。有序开展城市更新，全面推进老旧小区改造，提高城市管理精细化水平。推进城市生态修复，完善市政公用设施，补齐环境基础设施短板，推进节约用水和海绵城市建设。推进个体出行"私转公"，推动"轨道＋公交＋慢行"三网融合发展。推动交通运行"堵转畅"，提高车辆实载率、通行率。提升电网安全和智能化水平，推进"电热协同、跨网互济"的城市清洁电热协同网解决方案。运用大数据、云计算、区块链、人工智能等前沿技术，提高城市智能管理和服务水平，加速布局城市市政智能终端管理设施。

分类探索建设美丽城市路径。支持成都建设践行新发展理念的公园城市示范区，支持绵阳发挥科技城优势加快建成川北省域经济副中心、宜宾—泸州组团建设川南省域经济副中心、南充—达州组团培育川东北省域经济副中心，加快提升乐山区域中心城市发展能级，强化区域中心城市的引领作用，推动其他城市有序开展各具特色的美丽城市建设。推动在成都平原经济区尽快建成一批美丽宜居城市。提升川南、川东北经济区城市功能品质，推动城市布局形态、建筑风貌、特色街道、精品小区、绿道体系提档升级，着力提高城市资源环境承载能力。重要节点城市要立足资源禀赋和产业基础，推进产城相融，提升城市功能，突出自身特色，有序推进城市绿化美化亮化和旧城改造，注重细节提升。西昌、马尔康、康定等城市建设要突出民族特色。

13.4.2 打造美丽宜居城镇

注重城镇科学规划。控制城镇建设密度和强度，严格保护现有山水脉络和自然风貌，实现县城风貌与周边自然景观有机融合。传承县城历史文化，保护历史文化街区的历史肌理、历史街巷、空间尺度和景观环境，不拆除历史建筑、不破坏历史环境。推进老旧小区节能节水改造和功能提升。逐步扩大城镇电能替代范围。倡导大分散与小区域集中相结合的布局方式，统筹县城水电气热通信等设施布局，因地制宜建设分布式能源、生活垃圾和污水处理等设施。

分类推进美丽城镇建设。推进以县城为重要载体的城镇化建设，提高农业转移人口市民化质量，引导劳动密集型产业、县域特色经济和农村二三产业在县城集聚发展，持续提升县城功能品质、释放发展活力。县域中心镇要加强城镇环境综合整治，将传统产业与城镇区适度分离，强化对县域中心公园、湿地、绿地的保护，补齐公共服务设施短板。欠发达镇要立足现有产业资源，做强产业平台，创新产业业态，强化产镇融合，积极拓宽生态产品价值转化路径。民族镇要将城镇建设与自然生态结合起来，保护修复具有民族特色、文化内涵的建构筑物，开发具有少数民族文化特色的生态产品。历史文化名镇要充分挖掘自身历史文化资源，提高综合品质，以自然环境和历史文化资源为驱动力，促进经济、社会、文化的整体协调发展。

第十四章 推进协同减排低碳清洁的双碳建设

14.1 应对气候变化现状与形势

14.1.1. 国际国内形势

从国际来看，碳排放与国家发展和经济利益紧密相关，各利益方谈判诉求不一致，立场分歧严重。发达国家工业化进程是碳排放的主要因素，且推动减排有利于其输出技术和标准、提高国际竞争力，但对于发展中国家，减排则可能限制潜在的经济增长空间，因此形成了两大对立阵营。由于利益诉求的差异，气候谈判形成了三股力量，即欧盟、欧盟以外发达国家（又称"伞形集团"）和发展中国家（77国集团+中国）。

中国碳排放量位居世界首位，在国际谈判中面临的压力越来越大。由于发展中国家间经济发展差异加大以及发达国家的影响等原因，发展中国家中的小岛国、最不发达国家和中等收入国家之间的立场出现了分歧，中国碳减排压力越来越大。

中国逐渐成为全球气候治理的重要参与者、贡献者和引领者。中国从气候大历史观和生态价值观出发，考虑国家核心利益和"五位一体"总体布局，提出了重大的国家战略。中国积极推进生态文明建设，促进绿色、低碳、气候适应型和可持续发展，应对气候变化各项工作取得积极进展。积极引导应对气候变化国际合作，对于《巴黎协定》"破纪录"的达成、签署和生效起到了决定性的作用。

中国高度重视应对气候变化工作，把推进绿色低碳发展作为生态文明建设的重要内容。中国制定了长期的有雄心有计划的减排目标。我国在《巴黎协定》下提出了2030年后国家自主贡献（NDC）目标。并为此制定并颁布了《能源生产和消费革命战略2016—2030》，就实现上述目标进行了规划和部署，确立了重点任务、行动计划和政策保障措施，并分解到每个五年规划中落实实施。2020年9月，习近平主席在第七十五届联合国一般性辩论上提出提高国家自主贡献力度，采取更加有力的政策和措施，二氧化碳排放力争于2030年前达到峰值，争取2060年前实现碳中和，并在同年11月的金砖国家领导人第十二次会晤上重申这一目标和决心，彰显了我国以实际行动应对全球气候变化的决心，坚持绿色低碳发展、为保护全球气候环境做出积极贡献。

中国加快构建碳达峰碳中和"1+N"政策体系，制定并发布碳达峰碳中和工作顶层设计文件，2021年相继发布了《中共中央国务院关于完整准确全面贯彻新发展理念做好碳达峰碳中和工作的意见》和《2030年前碳达峰行动方案》，并制定能源、工业、城乡建设、交通运输、农业农村等分领域分行业碳达峰实施方案，积极谋划科技、财政、金融、价格、碳汇、能源转型、减污降碳协同等保障方案，部分重点领域和保障方案已陆续发布，进一步明确碳达峰碳中和的时间表、路线图、施工图，加快形成目标明确、分工合理、措施有力、衔接有序的政策体系和工作格局，全面推动碳达峰碳中和各项工作取得积极成效。

14.1.2. 国际国内挑战

2020—2035年是四川省大力推进生态文明建设、转变经济发展方式、促进绿色低碳发展的重要战略时期，应对气候变化工作将面临新的机遇和新的挑战。

世界疫情与百年变局交织，启示加快形成绿色发展方式和生活方式的紧迫性。人类社会正在经历百年来最严重的传染病大流行，世界经济正在经历20世纪30年代大萧条以来最严重衰退。这启示我们加快形成绿色发展方式、建设生态文明和美丽地球的必要性、紧迫性。只讲索取不讲投入、只讲发展不讲保护、只讲利用不讲修复的老路将会被摒弃，推动疫情后世界经济"绿色复苏"、汇聚起可持续发展的强大合力正逐渐成为国际社会的共识。

碳达峰和碳中和目标为中国经济社会实现全面绿色转型提供有力抓手。中国特色社会主义进入新时代，推动绿色低碳发展、加强生态文明建设已成为党和国家的核心要务，习近平总书记也在多个场合重申了中国将坚定走绿色低碳发展道路。中国碳达峰碳中和目标应对气候变化和控制温室气体排放工作将提供重大机遇，低碳发展对经济社会发展的引领作用将越发凸显。

四川省资源丰富、重工业城市产业结构偏重，转型压力大等问题为四川省应对气候变化工作带来挑战。四川是长江上游重要的生态屏障和水源涵养地，是国家16个生态省之一，同时也是全国的经济大省。自然环境复杂多样，基础研究薄弱、高耗能行业能源消费占工业能耗比重进一步加大，攀枝花、内江、达州等资源型城市、重工业城市产业结构偏重，转型压力大。"十四五"时期是正处于转型发展、创新发展、跨越发展的关键时期，协同推进经济高质量发展和生态环境高水平保护仍然面临重重困难。产业结构、产业布局不合理，现代环境治理能力保障支撑不强，为四川应对气候变化带来挑战。

14.2 应对气候变化目标指标设计

围绕碳达峰碳中和目标，以积极应对气候变化为契机推动四川省经济高质量发展，实现经济社会发展全面绿色转型，协同推进气候变化与环境治理，促进四川省低碳转型在中西部地区的引领作用。

到2035年，四川省单位国内生产总值二氧化碳排放较2025年下降78%。制定符合四川省经济社会发展实际和高质量发展要求的措施，力争在"十四五"期间实现达峰。加快实施二氧化碳达峰行动，在火电、水泥、钢铁等重点工业行业和企业率先开展达峰行动，鼓励城市积极开展低碳城市试点建设。

14.3 应对气候变化改善策略与方案

强化温室气体排放控制，加快调整产业结构、能源结构、交通运输结构和用地结构，降低重点领域二氧化碳排放。主动适应气候变化，引导农业、林业、水资源、基础设施等领域开展适应气候变化行动，全力推进碳达峰行动。

14.3.1 温室气体排放控制

开展2030年前碳达峰行动。锚定"双碳"目标强化绿色引领。全力推进碳达峰行动，实施二氧化碳排放强度和总量双控制度，制定重点领域、重点行业、重点区域、重点企业碳达峰行动方案，梯次有序实现达峰。明确达峰目标、路线图和实施方案，在火电、钢铁、建材、有色金属、石油化工重点工业行业和企业开展达峰行动，推动成都市在2025年实现达峰，泸州、德阳、自贡、达州、攀枝花等城市率先达峰。鼓励成都市、雅安市、川西北地区的甘孜州和阿坝州、四川嘉陵江流域城市等生态文明先行示范区城市积极开展低碳城市建设。创建低碳和碳中和试点，鼓励四川达州经济技术开发区等国家低碳工业园区探索建设零碳园区。

优化能源结构。降低煤炭利用比例，推进煤炭消费减量替代，落实大型燃煤机组清洁排放。依托四川省丰富的水电和天然气资源，推动建设世界级优质清洁能源基地，推进水风光互补开发，以金沙江上下游、雅砻江、大渡河中上游等为重点，规划建设水风光一体化可再生能源综合开发基地，推进其他流域水库电站风光水互补开发，结合水利工程水资源再利用发展抽水蓄能电站。加快风光发电开发，坚持集中式与分布式并举，有序推进凉山州风电基地和"三州一市"（甘孜州、阿坝州、凉山州、攀枝花市）光伏基地建设，推进分布式风光能源开发。统筹常规气与非常规气开发，加快安全增储上产，加快川中安岳、川东北高含硫、川西致密气等气田以及川南长宁、威远、泸州等地页岩气产能建设，建成全国最大的现代化天然气（页岩气）生产基地。多元化开发清洁能源，积极发展氢能产业，建设国际知名的氢能产业基地、示范应用特色区和绿氢输出基地。合理利用生物质能，支持有条件的地区开展地热综合利用，构建多能并举、协同发力的新能源体系。

控制工业领域二氧化碳排放。控制钢铁、有色、建材、石化、化工等高耗能行业能耗增长，加快淘汰二氧化碳排放高的落后产能。构建工业绿色发展体系，推进重点行业循环发展，依托成都平原经济区、川南经济区等重点区域高端产业和人才技术优势，打造节能环保产业基地。在油气开采行业加快部署百万吨级碳捕集、利用和封存（CCUS）产业示范。

推动绿色高效的交通运输体系。推进现代综合交通运输体系建设，依托成渝双城经济圈发展契机，构建城市群公交化铁路，加快发展入川铁路建设，大力发展以铁路、水路为骨干的多式联运，推进铁路进港口、大型工矿企业和物流园区，加快构建"一横五纵多线"航道网，持续降低运输能耗和二氧化碳排放强度。推广运输装备"油转电"，积极扩大电力、氢能、天然气、先进生物液体燃料等新能源、清洁能源在交通运输领域应用，逐步降低传统燃油汽车在新车产销和汽车保有量中的占比。推进基础设施建设"旧转新"，加快推进绿色公路、绿色航道、绿色枢纽、绿色港口、绿色服务区等交通基础设施建设。完善城市步行和自行车交通系统，加快建设公交专用道、公交场站等设施和公共自行车服务系统。促进客运零距离换乘和货运无缝衔接，推动各种运输方式协调发展。推进机场设施"油改电"建设。在高原山区生态示范区以及遂宁、乐山、雅安、南充等绿色示范城市试点推进交通近零碳示范区建设。

加强建筑领域二氧化碳节能减排。推进新建建筑节能减排，逐步完善绿色建筑标准体系，提高新建建筑的节能标准，进行既有建筑的节能供热计量改造，加大对零碳建筑等技术的开发。开展太阳能光伏在建筑上的应用技术研发和工程示范，合理开发浅层地热能在建筑上的应用。

控制非二氧化碳温室气体排放。开展煤层气甲烷、油气系统甲烷控制工作，在中国石油西南油气田公司等大型油气企业建立油气甲烷控制示范项目，在推动建立煤矿煤层气（煤矿瓦斯）抽采利用示范项。通过调整产业结构、原料替代、过程消减和末端处理等手段，控制工业过程非二氧化碳温室气体排放，加强化工尾气收集和处理技术。推广六氟化硫替代技术。控制农田甲烷排放，改善水分和肥料管理，减少农田氧化亚氮排放。在广汉、仁寿、宣汉等粮食种植基地积极推广"秸秆—沼气—沼肥还田"等循环利用。

推动温室气体排放标准体系建设。建立健全控制温室气体排放标准体系，研究制定重点行业、重点产品温室气体排放核算标准、限额标准等。完善低碳产品标准、标识和认证制度、修订已发布的温室气体排放核算标准。

14.3.2 主动适应气候变化

制定主动适应气候变化方案。提升气候保护基于自然的解决能力，加强四川长江上游生态屏障建设，系统推进自然生态保护修复。提升城市基础设施、水资源保障、能源供应系统适应气候变化能力，保障人民生活安全。强化气候敏感脆弱领域、区域和人群的适应行动，全面提升全社会适应气候变化意识和能力，在重大基础设施建设中考虑适应气候变化的需求，继续深化适应气候变化试点示范工作，推动形成多领域、多层次、多区域合作的适应格局，加快构建气候适应型社会。

加强气候敏感区和脆弱区监测体系建设。 建设气候观测体系，提升生态脆弱地区等地的观测覆盖能力，开展气候与生态系统观测融合分析，研究气候变暖的成因、趋势和规律，做好气候变暖与生态系统作用的机理研究和影响评估，提升全球气候变暖的应对能力。

持续提高碳汇储量。 加强森林、草地、农田、湿地碳汇支持政策体系和标准建设，构建以天然林为主体的森林生态系统，开展人工公益林建设、天然林抚育更新，逐步提升森林蓄积量和森林碳汇储量。加强核证自愿减排同生态补偿制度的融合。在汶川地震灾区、土地沙漠化严重的生态脆弱区实施退耕还林；推进自然保护区、森林公园、湿地公园等生态系统建设。加强湿地保护，通过合理的开发模式和利用方式增强湿地碳汇能力。加强农田保育，优化种植结构，推广秸秆还田、精准耕作等保护性措施，增加农业土壤碳汇。

14.3.3 加强应对气候变化管理

加强应对气候变化与生态环境保护法规标准政策融合。 推动建立健全应对气候变化的排放标准、产品标准、技术标准等，与生态环境标准体系深度融合。推动将温室气体排放控制内容纳入清洁生产等相关标准。对接国家温室气体排放标准、规范和指南，完善州、市级温室气体排放的测量、报告、核查等相关管理规范和工作程序。加强大气污染物、污水、垃圾等与温室气体排放协同控制。

建立健全应对气候变化制度体系。 开展温室气体和污染物统计、核算和监测工作，加快构建省、市、县三级温室气体清单监测统计体系。开展石油天然气开采、煤炭开采等重点行业甲烷排放监测，在排放许可证制度、环境影响评价制度等环境制度中纳入温室气体，建立健全企业温室气体数据报送系统，完善低碳产品政府采购、气候投融资、企业碳排放信息披露等相关制度；完善纳入碳金融、气候风险保险的生态环境经济政策。

加强温室气体重点排放单位监督管理和环境监管执法工作，推动将应对气候变化相关工作存纳入生态环境保护督察范畴。

建立健全碳排放管理机制。制定统一的区域温室气体排放数据统计核算体系和管理体系，完善碳金融体系建设和温室气体自愿减排交易体系建设，做好重庆地方碳市场与全国碳市场衔接，拓展风电、水电、户用沼气、林业等自愿减排项目，将自愿减排交易与精准扶贫相结合，增加贫困州、县CCER的核证减排量备案管理。积极推进绿色金融相关工作，实施绿色信贷产品创新，复制推广绿色保险模式，推动绿色支付项目建设，打造绿色金融综合服务平台。制定出台"碳标签"涉及的各项标准与规范，培育公众开展低碳减排行为。

第十五章　建立多元共治科学高效的
现代治理体系

15.1 生态环境治理体系和治理能力现代化基础与形势

近年来，四川省坚持以习近平生态文明思想为指引，以环境质量改善为核心，以制度建设为保障，持续推进生态环境治理体系和治理能力现代化，取得了一定的成效。

15.1.1 发展基础

15.1.1.1. 领导责任体系建设

在环境治理领导责任体系方面，四川省重点围绕健全工作机制、优化目标评价考核、深化落实环保督察等方面开展工作。

一是建立健全工作机制。 成立以省委书记、省长任主任的四川省生态环境保护委员会，并下设绿色发展、生态保护与修复、污染防治、农业农村污染防治4个专项工作委员会，统筹开展生态环境保护工作。印发《四川省环境保护工作职责分工方案》，按照"管发展必须管环保、管生产必须管环保"的要求，细化、实化、量化各级各部门责任。修订四川省生态环境保护责任清单，把任务分解落实到40余个部门和单位，基本建立了多方联动环境保护工作机制。

二是强化目标评价考核。省委办公厅、省政府办公厅印发《四川省党政同责工作目标绩效管理办法（试行）》，将环境保护纳入考核内容，充分发挥绿色发展"指挥棒"作用，增加生态环境考核指标权重，由2013年8%逐步提高到2018年的16%。印发《关于改进和完善市县党政领导班子和领导干部政绩考核工作的实施办法》，开展生态环保党政同责考核。制定《四川省生态环境机构监测监察执法垂直管理制度改革实施方案》，将各级党委和政府要将相关部门生态环境保护履职尽责情况纳入年度部门绩效考核。创新实施"区域差异化"考核，出台四川省主体功能区规划，制定《四川省县域经济发展考核办法》，明确四川省58个重点生态功能区县不考核GDP，加重生态文明建设、社会治理等指标权重。同时强化考核结果运用，将生态环境和资源保护工作实绩作为干部奖惩、任用的重要依据，开展领导干部自然资源资产离任审计，建立环境问题线索定期移交移送机制。

三是深化落实环保督察问题整改。自2017年开展环保督察启动以来，四川省把督察问题整改作为重大政治任务来抓。将省落实中央环境保护督察工作领导小组更名为省生态环境保护督察工作领导小组，并印发《四川省贯彻落实〈中央生态环境保护督察工作规定〉任务清单》。率先在全国开展省级环保督察全覆盖，率先在全国开展督察整改"回头看"全覆盖，严格实行"清单制+责任制+销号制"，对中央环保督察及"回头看"宣传报道情况实施月调度，对移交信访问题实行季调度和季通报。截至2019年底，中央环保督察反馈意见89项整改任务已整改完成61项，中央生态环境保护督察"回头看"及沱江流域水污染防治专项督察反馈意见66项整改完成27项，督察发现自然保护区内的1252个问题全部完成整改。

15.1.1.2. 企业责任体系建设

在环境治理企业责任体系方面，四川省重点围绕实施排污许可管理制度、推进生产服务绿色化等方面开展工作。

一是严格实行排污许可管理制度。四川省先后出台《四川省排污许可证管理暂行办法》《主要污染物排污许可证实施意见》《排污单位环境管理台账及排污许可证执行报告技术规范总则（试行）》等指导文件，从实从严督促指导把关排污许可核发工作。2018年在全国率先完成6个行业1456张排污许可证核发任务，2019年提前1个月完成核发任务，核发排污许可证8515张。

二是持续推进生产服务绿色化。为进一步促进绿色发展，四川省印发《四川省推动钢铁行业超低排放改造实施清单》《工业炉窑大气污染综合治理实施清单》等指导文件，全面启动钢铁行业超低排放改造、实施工业炉窑综合整治。至2019年，累计淘汰县级城市燃煤小锅炉542台，清理整治"散乱污"企业3.2万家。同时，四川加快"两高"行业产能置换，2019年新增淘汰煤电落后产能27万千瓦。加强资源节约循环利用，推进园区循环化改造，德阳市、凉山州入选工业资源综合利用基地。加快建设清洁能源示范省，深入实施"电能替代、清洁替代"，全年累计实现替代电量113亿千瓦时，同比增长25.6%。

15.1.1.3. 全民行动体系建设

在环境治理全民行动体系方面，四川省重点围绕促进环境信息公开、拓宽公众参与渠道、加大宣教力度等方面开展工作。

一是立体搭建环境信息公开模式。充分发挥"12369"环保举报等热线作用，畅通环保监督渠道，完善公众监督和举报反馈机制。探索建立了一套包括以"按月例行新闻发布"为主体，以"每日'一网两微'发布"为常态，以"阳光热线"、媒体座谈等多种形式为支撑的常态化公开机制，涵盖企业、相关部门多元主体的涉环境信息的应公开尽公开。同时，全力打造生态环境信息发布第一平台"四川生态环境双微"，进一步完善全省环保政务新媒体矩阵建设，微博、微信公众号在全国省级生态环境政务新媒体影响力排行榜稳居前六，被评为全省十佳政务新媒体。

二是扩宽公众环保参与渠道。在全国率先探索"我与环保厅长面对面"沟通形式，"有奖投诉举报"平台依据《四川省大气污染防治法实施办法》建立生态环保有奖投诉举报制度。搭建"环保设施公众开放"平台，全省符合条件的73家垃圾、污水、噪声、固废处理以及监测站点全部向公众开放，2019年全年组织开放活动近300场，参与人数逾14000人次。

三是扶持培育第三方力量参与环保。在全国率先探索实施"环保宣教公益示范项目"，由政府小额出资向NGO组织、学校院所、公益团体购买服务，激发社会力量参与环保，实现"小资金"撬动"大资源"，构建起"政府主导、市场主体、公众参与"的环保大格局。探索实施"美丽中国、我是行动者"活动机制，完成"中华人民共和国成立70周年成就展·生态建设成就展"布展和新闻发布工作，打造14个环保宣教公益示范项目，拍摄制作《沱江保护立法》电视专题记录片等环保公益宣传片，鼓励和引领全省各界各领域人士共同积极参与环境保护，不断扩大环保"统一战线"和"绿色联盟"，形成生态环境保护共建共治共享的社会氛围。

15.1.1.4. 监管体系建设

在环境治理监管体系方面，四川省重点围绕环境管理信息化建设、网格化环境监管与监测、重点生态空间监管等方面开展工作。

一是推动环境管理信息化建设。坚持深入推进环境管理信息化建设，编制三年建设工作方案，持续推进环境信息化省市县三级统筹建设。大力推进生态环境大数据创新应用，建立四川省生态环境监测网络大数据管理平台。积极推进大气环境管理、水环境管理、固定污染源协同监管、"三线一单"、考核目标管理等重点业务信息化系统建设，助力打好污染防治"八大战役"。构建覆盖省、市、县三级生态环境系统的移动办公OA平台和综合管理平台，搭建一站式"办、阅、查"的综合服务体系。

二是推行网格化环境监管。发布《四川省网格化环境监管指导意见（试行）》（以下称《指导意见》），基本形成"各级政府统一组织、环境保护部门统一协调、相关部门各司其职、社会各界广泛参与"的监管格局。推行省、市、县、乡、村五级河长制，省、市、县、乡设立"双总河长"，由各级党委和政府"一把手"担任，河湖治理从"没人管"变成"有人管"，从"管不住"向"管得好"坚实迈进。

三是实现环境监测网络基本覆盖。按照"部门管理、分级建设、全省覆盖"的建设模式，围绕大气、水、土壤、声、辐射、生态、污染源等要素，按照"一网两体系"（环境质量监测网络、生态监测体系、污染源监测体系）架构，经国、省、市、县四级投入建设，全省现有生态环境监测点位27853个，实现全省基本覆盖，要素基本完整。

四是强化重点生态空间监管。根据国家部委联合印发的"绿盾"自然保护区监督检查专项行动实施方案，陆续印发《四川省"绿盾2018"自然保护区监督检查专项行动实施方案》《四川省"绿盾2019"自然保护地强化监督工作实施方案》，成立专项行动联合检查组，开展四川省"绿盾2018""绿盾2019"自然保护区监督检查专项行动。结合卫星遥感监测发现的疑似问题清单，重点对省级以上自然保护区和部分自然保护地内采石采砂、工矿用地、设立码头、挤占河岸等问题进行督导整改。切实履行生态保护红线监管职责，在全省已划定14.80万平方公里生态保护红线基础上，2019年开展生态保护红线评估，对228个能源、交通等重点建设项目出具生态红线审核意见。

15.1.1.5. 市场体系建设

在环境治理市场体系方面，四川省重点围绕推进"放管服"改革、促进生态环保产业发展等方面开展工作。

一是深入推进"放管服"改革。认真落实"两集中、两到位"要求，推进"最多跑一次"改革，行政审批事项全部进入政务大厅，全程网办事项达76%以上。不断优化环评审批程序，逐步下放环评审批权限，目前省级环评审批量仅占全省总量的约0.7%。依法取消建设项目试生产、环保竣工验收等行政审批事项，全部取消环保领域行政事业性收费项目，全省17家"红顶"环评机构全部完成脱钩，为企业发展松绑解绊，营造了优质高效的政务环境。

二是促进生态环保产业发展。 印发《四川省节能环保产业培育方案》《四川省支持节能环保产业发展政策措施》等文件并开展环保产业统计。组织环保企业参加"2019年澳门国际环保合作发展论坛暨展览"，协助生态环境部召开环保科技成果推介活动，举办四川省生态环保产业创新型企业家培训班，组织和参与"第15届CDEPE成都国际环保博览会"等活动。纳入全省强制性清洁生产企业221家，至2019年，审核名单的企业已完成评估182家，验收98家。

15.1.1.6. 信用体系建设

环境治理信用体系方面，四川省重点围绕开展企业环保信用评价，深入推进生态环境信用体系建设。

四川省印发《关于调整企业环境信用评价工作领导小组的通知》《四川省企业环境信用评价指标及计分方法（2019年版）》《四川省社会环境监测机构环境信用评价指标及计分方法》等指导文件，加强市（州）信用评价工作的指导，形成省市县三级管理体系。2018年度全省环境信用评价参评企业达到5000家以上，省级参评企业共1911家。

四川省积极将环境信用信息纳入社会信用评价体系，倒逼"警示企业"和"不良企业"落实环保主体责任，为打好污染防治攻坚战和改善大气、水、土壤环境质量发挥重要作用。探索开展个人"绿色先锋"、企业"环境信用"等评选评价，对环保诚信企业和环保良好企业给予激励措施，优先安排环保专项资金或其他资金补助，建议财政等有关部门将其产品或服务优先纳入政府采购名录、银行业金融机构予以积极信贷支持等，以荣誉、信誉激励环保参与。

15.1.1.7. 法律法规政策体系建设

法律法规政策体系方面，四川省重点围绕创新重点领域立法、开展"两法衔接"、严惩重罚违法环境行为、制定地方环境标准、深化生态环境损害赔偿制度改革、健全生态补偿机制、建立环保专项资金管理制度、推进环境污染责任保险试点等方面开展工作。

一是创新重点领域立法。 先后制定批准《四川省固体废物污染环境防治条例》等19部地方性法规，修订《四川省环境保护条例》《四川省固体废物污染环境防治条例》《四川省自然保护区管理条例》等6部地方性法规。出台《四川省沱江流域水环境保护条例》，是全国首次以单独流域进行立法。

二是深入开展"两法衔接"。出台《关于加强行政执法与刑事司法衔接工作的决定》，切实解决环保执法难、取证难问题。生态环境部门与司法机关建立协作机制，注重联动协调、信息共享、有效衔接，形成环境资源执法司法强大合力。在省法院、检察院设立资源环境审判庭和检察处，在成都、德阳、达州等地探索建立环保警察队伍。2018年以来，全省办理生态环境违法案件1.2万件，行政拘留543起。

三是严格生态环境违法处罚。出台生态环境行政处罚裁量标准，开展"绿盾"行动等10大专项执法行动。2013年以来，全省纪检监察机关对涉嫌生态环境损害责任的领导干部实施问责1532人，给予党纪政纪处分942人。同时，对企业的执法有"力度"，从严查处偷排偷放、恶意排污、数据造假、危废非法处置等违法犯罪行为。

四是推动地方环境标准制定出台。积极发挥环境标准的约束和指导作用，组织梳理、制定地方环境标准，发布《农村生活污水处理设施水污染物排放标准》（DB51/2626-2019），该标准的实施对提高我省农村生活污水治理水平、改善农村人居环境起到积极效应。

五是深化生态环境损害赔偿制度改革。制定出台《四川省生态环境损害赔偿工作程序规定》《四川省生态环境损害赔偿磋商办法》《四川省生态环境损害赔偿资金管理办法》《四川省生态环境损害鉴定评估机构管理办法》等配套办法，指导督促市（州）出台生态环境损害赔偿实施方案，至2019年，全省已有20个市（州）制定出台了本地生态环境损害赔偿实施方案。同时，积极推动生态环境保护领域案件线索移送，至2019年，全省共办理生态环境损害赔偿案例6件，共赔偿9293.6万元。

六是建立健全生态补偿机制。围绕"谁污染谁买单、谁受益谁补偿"原则，探索跨省横向生态保护补偿，与贵州、云南签订《赤水河流域横向生态保护补偿协议》，成为首个在长江流域跨省流域横向生态补偿试点。同时，印发《四川省推进流域横向生态保护补偿奖励政策实施方案》等政策文件，逐步实现省内流域生态补偿全覆盖。2019年安排省级资金12.36亿元用于对建立流域横向生态保护补偿机制的相关地区进行奖励，实行"先预拨，后清算"的资金管理方式，充分调动各市州的积极性。

七是探索环保专项资金管理制度。坚持规划引领、制度约束、绩效考评来管理和使用环保资金，探索建立从项目申报到验收到评价考核的各环节制度链条，制定环保专项资金项目管理职责分工和运行流程暂行规定、专项资金项目系统运行管理暂行办法。开发"专项资金项目管理系统"，运用"互联网+制度+监管"方式和"一公开、一公示、一公布"流程，立下"平台之外无项目""体外循环要追责"硬规矩，项目资金管理全程、全面阳光运行。

八是积极推进环境污染责任保险试点。生态环境部门会同省银保监局开展环境污染责任保险试点，积极采取有效措施鼓励和督促高环境风险企业投保。目前共有人保、太平洋、平安等八家保险公司列入污染责任保险试点，为防范环境风险，维护受害者合法权益、保障企业正常生产经营发挥了积极作用。

15.1.2 问题与短板

虽然"十三五"时期四川省生态环境治理取得一定成效，环境质量总体持续改善，但由于环境治理体制机制不健全，生态环境保护仍然面临诸多挑战。对照《指导意见》中七大体系所提出的要求和人民群众对优美生态环境、优质生态产品日益增长的需要，四川省的现代环境治理体系建设仍面临一些问题。

15.1.2.1. 领导责任体系问题

一是在领导工作机制方面，仍然存在管理不规范、协调联动能力差、责任落实不到位等问题。具体而言，一是个别地方政府、部门在生态环境工作达标后有所松懈，使得生态环境质量在达标后有反弹的现象；二是虽然设立了生态环境专项工作小组，但存在与相关单位工作衔接不及时等问题。

二是在目标考核方面，在制定目标考核制度并和实施的过程中，发现有考核内容重点不突出、目标导向不够明确等问题。考核内容不突出的原因主要有三个方面：一是一些指标存在重复设置和考核；二是大多部门在年底才进行考核，缺少对过程的跟踪；三是约谈领导没有找准真正负责的对象。目标导向不明确原因主要有三个方面：第一，指标体系没有将公众满意度作为指标和依据；第二，对考核分没有进行全面的思考，没有将与地方政府和其他职能部门牵头的工作纳入考核范围内，导致考核压力只集中在生态环境部门；第三，考核指标设置不够精准，与生态环境保护实际工作落实情况关联性不强。

三是在环境保护督察方面，存在三个难点。一是四川省尚未完全落实成立区域督察机构；二是被监督单位的数量远超过现有督察人员能力范围，导致监督的难度增大；三是生态环境保护督察的频度和节奏不够规范。

15.1.2.2. 企业责任体系问题

一是在排污许可管理制度方面，存在难以全覆盖核发、部分企业上报排污数据难度大和地方生态环境部门尚未重视证后监管三大难题。具体而言，难以全覆盖核发排污许可证是由于核发单位量大面广并且历史遗留问题尚未解决，在短时间内这项任务十分艰巨；部分企业上报排污数据难度大是因为四川省部分企业不够重视并且无法根据现行技术规范要求确定产能；地方生态环境部门尚未重视证后监管，是因为证后监管工作所涉及的企业台账记录、自行监测以及执行报告等多个方面工作量大、专业性强，使得地方生态环境部门在短时间内缺乏相关人才开展此项任务。

二是在生产服务绿色化方面，四川省在推进生产服务绿色化过程中，出现了企业对清洁生产认识不到位而导致的多方面问题。例如部分企业对新履行的责任和义务不熟悉不了解，致使经费跟进困难且不愿开展现场地调查、隐患排查、自行监测等工作；另外，由于部分企业的企业环境管理方式及设备落后，污染防治设施不配套而造成违法排污的现象。

三是在治污能力和水平方面，四川省有关企业在治污方面缺乏对应科技的支撑。具体而言，首先是污染治理设施处理能力不足，长期处于超负荷运转状态；其次是缺少合适的治理技术，导致企业无法有针对性地高效处理污染物。

四是在环境治理信息公开方面，近年来四川省生态环境执法队伍做了大量工作，但是并没有把成效及时向生态环境部和省委省政府报告，且对公众宣传也不到位，使得群众对生态环境执法的满意度并没有达到预期。

15.1.2.3. 全民行动体系问题

全民行动体系问题主要集中在宣传教育方面，存在部分地区宣传教育没有做到位，而导致群众环保意识薄弱的问题。一是由于四川省宣教中心缺乏人才支撑，经费少，无法形成宣传"规模效应"；二是因为四川省大部分市（州）局对宣教重视不够，人员混岗严重；三是由于部分地方宣传内容过于官化，使得群众并不能从环保宣传中汲取有益知识。

15.1.2.4. 监管体系问题

一是在监管体制方面，首先是四川省生态环境部门在监管手段、技术支撑能力建设方面未能跟上最新行业需求；二是生态环境部门的行政执法规范化建设有待加强。

二是在监测能力建设方面，存在科技支撑不足、网络布局尚未全面覆盖、数据真实性有待提升和监管规则不明等现象，这些都给生态环境部门依法履职增加了难度。

15.1.2.5. 市场体系问题

一是在构建规范市场方面，在"放管服"改革要求下，存在着放的力度把握不当、放管结合不到位两种主要矛盾。放的力度把握不当，一是因为一些基层承接能力不足，对下放行政审批事项无法按要求完成；二是对于一些领域又过于谨慎，放权的程度不足；三是一些领域研究不到位，并没有做到有效地放权。而放管结合不到位的问题，一是部分地区对于监管工作不重视，在一定程度上导致事中事后监管跟不上改革需要；二是部分地方政府没有把控好"管"的尺度；三是部分地方政府监管力量薄弱。

二是在环保产业培育方面，存在政策引导能力不强和科技成果省内转化率低两大问题。政策引导能力不强是因为部分地方政府及其部门对环保产业的未来前景认识不足，未能全面统一地对四川省环保产业的发展现状进行统计掌握，难以有效地将环境管理的潜在需求转化为现实市场；科技成果省内转化率低，一方面是由于四川省对先进环保技术设备推广应用力度不够；另一方面，四川省大型项目所使用的环保装备基本来自江苏、浙江、广东等东南沿海城市或是从国外进口采购，未能摆脱省内环保产业市场大多被外省环保企业的产品占领的被动局面。此外，四川省的产学研用结合不够紧密，省内高等院校与企业之间的对接较少，未能充分利用高等院校资源来解决高新技术转化、产业化，导致高端技术装备供给能力不强。

15.1.2.6. 信用体系问题

四川省修订出台了《四川省企业环境信用评价指标及计分方法（2018年版）》，积极推进企业环境信用评价，2018年向社会公布环境信用等级的企业达到1911家，比2017年增加了72.3%。但是环境信用评价结果目前认可度不高，未切实与行政许可、评先创优、金融支持、财政补贴、专项资金拨付等挂钩，并且缺乏金融机构等市场主体参与，导致评价结果缺乏有效运用，对于企业排污行为的约束力不强。此外，部分地区还存在政府诚信缺失的现象，使政府的公信力受到极大影响。

15.1.2.7. 法律法规政策体系问题

一是在法律法规方面，四川省存在生态环境地方立法体系不完善、行政执法力量不足以及执法程序规范化建设不到位的问题。我省生态环境地方立法体系尚不健全，土壤污染防治条例等法规还未制定出台，固废污染防治条例等需要及时修改。水污染防治方面，目前只出台了沱江流域水环境保护条例，尚未形成完整的地方立法体系，执法力量不足。一是当前四川省大部分基层环境执法机构缺编少人但任务繁重。二是混岗现象严重。受公务员编制的限制，环保部门业务处室人员力量不足，形成了与环境执法人员混岗使用的现象，岗位交叉。三是执法人员素质参差不齐。多数执法人员对法律法规、环境保护标准及企业生产工艺流程等不够熟悉。执法程序规范化建设不到位，一方面执法人员对于案件处罚随意性大，导致对环境违法行为的查处存在不合理的现象。另一方面案卷不规范，存在部分案件调查取证证据不规范、不完整，文书要素不齐全、法律条款书写笔误等问题。最后是后督查工作开展不及时、不到位。大多数环境违法案件，没有及时对当事人落实整改工作情况后进行督察，仅以当事人是否执行罚款处罚作为是否可以结案的标准。

二是在财税支持方面，还存在三个方面问题。一是绩效评价和投资评估广度深度不足，资金预算与评估结果关联性不强，部分财政生态环保专项存在资金低效、闲置沉淀、损失浪费的问题。二是部分生态环境专项资金投向不够集中精准，资金分配结果不合理，专项资金分配的基础数据不够准确。三是一些地方和部门尚未形成生态环境预算绩效理念，重分配轻管理、重支出轻绩效的意识仍然存在。

15.1.3 形势与挑战

虽然"十三五"时期四川省生态环境治理取得了一定成效，环境质量总体持续改善，但由于历史欠账较多、体制机制不完善不优化，生态环境保护仍然面临诸多挑战。

一是长期环境质量改善和短期污染防治攻坚战对环境治理体系建设提出了新挑战。既要短时间内集中力量，以治理"散乱污"、蓝天保卫战重点区域强化监督、污染防治三大行动等攻坚举措来解决当前急迫的环境污染问题；又要客观认识到生态环境问题是历史不断累积的过程和结果，生态环境质量改善也需要一个长期奋斗的过程，要统筹好短期举措和长期措施，步步为营、久久为功。

二是我国社会主义基本矛盾的变化对新时代环境治理体系建设提出了新要求。人民群众日益增长的优美生态环境需要与更多优质生态产品的供给能力不足之间的矛盾突出，人民对蓝天白云、绿水青山、安全食品和优美生态环境的追求更加迫切。因此环境保护工作要改变管理思路，改革管理机制，满足人民群众对高质量环境发展的要求，紧扣我国社会主要矛盾变化，通过创新体制机制，采取更有力的措施，着力解决损害群众健康、社会反映强烈的生态环境问题，使人民获得感、幸福感、安全感更加充实、更有保障、更可持续。

三是环境市场经济政策创新需要突破。 目前我省生态环境保护管理工作以行政手段为主，环境定价、环境税、生态补偿、环境损害赔偿、绿色金融等环境经济政策不健全，造成环境外部不具有经济性，企业主动参与环境治理的内生性不足。我国经济已由高速增长阶段转向高质量发展阶段，在新时代的环境经济形势下，常态化、市场化、现代化的政策有待加强和突破，推动政府职能深刻转变。

四是现代环境治理体系对环境监管执法能力提出了更高要求。 目前环境法律执行仍存在阻力，环境"违法成本低、守法成本高"的老大难问题依然十分严重。从环境监测能力上来看，存在着精细化不够、监测网络规划布局不统一、信息公开与共享不充分等问题。农业、水利、自然资源等部门为支撑本部门业务工作，也开展了一些环境监测活动，由于缺乏统一规划布局，不同部门间职能、职责、监测网络均有一些重叠交叉，造成有限资源的浪费且存在数据"打架"等问题。由于现有监控管理体系无法做到对超标排放企业及时、全部发现，所以对超标排放等环境违法行为打击覆盖面严重不足，使企业有侥幸心理。

五是环境治理需要进一步发挥社会主体的能动性。 我省通过丰富环境信息公开渠道、搭建公众参与平台、扶持培育环保公益组织等健全公众环保参与长效机制并取得一定成效，但由于社会组织与公众参与生态环境治理的总体素养和能力不高、参与渠道和机制仍然单一，使得社会主体参与监管的作用还不能充分发挥，公众广泛参与的体制仍未形成，政、企、民共建共治的生态环境大格局还未打开。

15.2 生态环境治理体系和治理能力现代化目标设计

基于生态环境治理体系建设基础，突出问题导向，从建立健全环境治理的领导责任体系、企业责任体系、全民行动体系、监管体系、市场体系、信用体系、法律法规政策体系等方面，研究提出生态环境治理体系建设目标，以期形成导向清晰、决策科学、执行有力、激励有效、多元参与、良性互动的生态环境治理体系。

15.2.1 指导思想

以习近平新时代中国特色社会主义思想为指导，全面贯彻党的十九、二十大和十九届二中、三中、四中、五中、六中全会精神，以及成渝地区双城经济圈建设国家战略，认真落实省委十一届六次、七次全会精神，坚持党的领导、多方共治、市场赋能和依法治理，到2025年，建立健全环境治理的领导责任体系、企业责任体系、全民行动体系、监管体系、市场体系、信用体系、法规政策体系、风险防控体系，形成导向清晰、决策科学、执行有力、激励有效、多元参与、良性互动的环境治理体系，为推动生态环境根本好转、建设生态文明和美丽四川提供有力制度保障。

15.2.2 基本原则

坚持党的领导。贯彻党中央关于生态环境保护的总体要求，实行生态环境保护党政同责、一岗双责。

坚持多方共治。明晰政府、企业、公众等各类主体权责，畅通参与渠道，形成全社会共同推进环境治理的良好格局。

坚持市场赋能。多措并举完善经济政策，健全市场机制，规范环境治理市场行为，强化环境治理诚信建设，促进行业自律。

坚持依法治理。健全法律法规标准，严格执法、加强监管，加快补齐环境治理体制机制短板。

15.2.3 主要目标

到2025年，建立健全环境治理的领导责任体系、企业责任体系、全民行动体系、监管体系、市场体系、信用体系、法律法规政策体系，落实各类主体责任，提高市场主体和公众参与的积极性，形成导向清晰、决策科学、执行有力、激励有效、多元参与、良性互动的环境治理体系。

15.3 生态环境治理体系和治理能力现代化提升策略与方案

加强政府领导、压实企业责任，推进全民行动体系、监管体系、市场体系、信用体系、法律政策等生态文明体制改革系统集成、协同高效，推进生态环境治理体系和治理能力现代化。加大经验总结推广力度，打造更多的"四川经验"。

15.3.1 建立健全领导责任体系

15.3.1.1. 加强组织领导

充分发挥四川省生态环境保护委员会作用。贯彻落实党中央、国务院关于生态文明建设和生态环境保护工作的重大决策部署，统筹协调四川省生态环境保护工作重大问题。建立委员会成员责任机制、考核机制和奖惩机制，构建"大生态、大环保"工作格局。通过在省生态环境保护委员会的架构下设立绿色发展、生态保护与修复、污染防治、农业农村污染防治等专业委员会，分专业、分领域共同推进生态环境保护工作。

加强全省生态环境机构建设。强化省级生态环境机构建设，提升省生态环境综合行政执法总队机构规格；在成都、绵阳、宜宾、广元、乐山、南充六个涉核和核技术利用规模较大重点地区，推动核与辐射监测机构规格升级。强化市级生态环境机构建设，提升市级生态环境综合行政执法支队机构规格；除成都市外，将市（州）生态环境局下属事业单位统筹建成

"一队一站一中心"（执法支队、监测站、生态环境监控预警指挥中心）模式。强化县级生态环境机构建设，在全省183个县（市、区）分别设立生态环境事务处置保障中心，支撑县级环委会并协助县级生态环境局开展本地区生态环境保护相关工作。加强乡镇生态环境机构建设，在乡镇（街道）设立生态环境办公室，提升基层治理能力。

15.3.1.2. 压实生态环境保护主体责任

严格实行生态环境保护党政同责、一岗双责和失职追责。细化领导责任，制定实施四川省生态环境保护责任清单，组织落实目标任务、政策措施。明确省级与市县财政支出责任，按照财力与事权相匹配的原则，制定实施省级与市县财政事权和支出责任划分改革方案，理顺省级财政和市县级财政关于承担生态环境、自然资源方面的支出责任，省级财政资金重点向解决全省性、重点区域流域、跨区域等环境问题倾斜，市县财政承担当地主要环境治理支出责任。优化领导干部自然资源资产离任审计制度，试点推行市县两级编制自然资源资产负债表，运用"大数据"手段提升审计的公正性。实施领导干部生态环境损害责任终身追究制度，建立倒查机制，重点倒查责任人事前预防是否到位、事中处置是否得当、事后整改是否认真彻底，以及效果是否明显，等等。

深化省级生态环境保护督察。健全生态环境保护督察制度，促进省级生态环境保护督察常态化、长效化，出台《四川省生态环境保护督察工作细则》。以解决突出生态环境问题、改善生态环境质量、推动经济高质量发展为重点，推进例行督察，加强专项督察，严格督察整改。进一步完善排查、交办、核查、约谈、专项督察"五步法"工作模式，强化监督帮扶，压实生态环境保护责任，坚决反对、严肃查处"一刀切"。

15.3.1.3. 优化完善绩效考核

整合完善考核体系。完善生态文明建设绩效考核制度，修订完善生态文明建设目标评价考核体系，每年开展四川省生态文明建设评价。对相关专项考核进行精简整合，促进开展环境治理。加强考核结果应用，建立与组织、纪检监察、发改、统计等部门各类考核评价结果衔接机制。落实区域差异化政绩考核制度，在县域经济发展考核中加大生态文明建设、生态环境保护等方面的指标权重，对重点生态功能区县不考核地区生产总值。探索建立GEP（生态系统生产总值）核算制度，对标浙江省、青海省建立GEP核算和考核技术体系，重点考虑GEP的相对变化幅度，选择典型地区开展GEP核算评估试点并发布核算报告。

健全正向激励机制。 加强生态环境质量提升正向激励制度建设，对环境质量改善幅度大、重点任务完成好、项目执行进度快、资金绩效评价优的市县，要在专项资金安排上给予奖励。除给予资金奖励外，加大对生态环保领域真抓实干成效明显地方的生态文明建设指导力度，优先推荐申报中央环保专项资金补助项目。

15.3.1.4. 创新会商对接机制

建立部门间的会商机制。 通过定期进行圆桌对话，围绕全省环境质量存在的问题，分析原因并切实推动问题解决，不断巩固环境质量改善成果。

健全厅市会商机制。 立足高质量发展和高水平保护，生态环境厅领导班子不定期赴市州开展工作指导，将厅市会商机制作为压实领导干部责任、送服务上门、加强协调、发现问题、解决问题的一种形式，常态化开展，并建立定期通报制度，帮助各地解决重大项目落地、环境基础设施建设和污染防治难题。

15.3.2 企业责任体系

15.3.2.1. 强化企业环境防治责任

依法实行排污许可管理制度。 建立健全以排污许可制为核心的企业环境管理制度，规范完善排污许可制度，实现固定污染源排污许可全覆盖，推动排污单位按证排污、持证排污，严格落实持证排污各项要求，实现达标排放。按照新老有别、平稳过渡原则，妥善处理排污许可与环评制度的关系。

推进生产服务绿色化。 鼓励企业从源头防治污染，优化原料投入，依法依规淘汰落后生产工艺技术，积极践行绿色生产方式，大力开展技术创新，加大清洁生产推行力度，减少污染物排放。加强全过程管理，将生产者责任延伸制度试点从电器电子、汽车、铅酸蓄电池和包装物等4类产品拓展到其他相关产品领域，建立骨干生产企业履行生产者责任延伸情况的报告和公示制度，并在部分企业开展试点。加强新生产机动车（非道路移动机械）、车用成品油、家具等产品质量监督管理持续开展能效、水效标识产品监督抽查。开展绿色产品认证，推进绿色产品标准、认证、标识体系建设。

加强企业内控制度建设。指导企业建立环保内控制度，落实企业环保主体责任，督促企业严格执行法律法规，接受社会监督；推行排污重点企业"一厂一策"制度，列入省重点排污单位名录的企业需自查排放情况，编制并实施"一企一策"方案，定期开展治理效果后评估。

激发企业环保内生动力。建立四川省工业企业生态环境保护"白名单"制度，实行差别化的环境监管，对稳定达标企业少现场检查，对严重污染企业加大查处力度；建立企业环保"领跑者"制度，分行业制定环保"领跑者"推荐标准，遴选符合标准的企业入围环保"领跑者"，激励行业内企业学习、赶超行业标杆。

15.3.2.2. 加强企业环境信息公开

推动企业公开环境信息。排污企业应通过企业网站等途径依法公开主要污染物名称、排放方式、执行标准以及污染防治设施和运行情况，并对信息真实性负责；鼓励排污企业在确保安全生产前提下，通过设立企业开放日、建设教育体验场所等形式，向社会公众开放；强化环境信息披露的奖惩机制，敦促企业及时全面公开环境信息。

15.3.3 全民行动体系

15.3.3.1. 加强文化宣教力度

提高公民环保素养。将生态文明教育纳入国民教育体系，编制具有四川特色的生态文明教育教材，实现生态文明教育地方教材（课程）体系大中小幼全覆盖。引导公民自觉履行环境保护责任，开展四川省公民生态环境行为调查，制定四川省公众生活绿色生活方案，建设公众低碳生活一体化服务平台，引导公众践行绿色低碳、文明健康的生活方式。

弘扬美丽四川生态文化。建设生态文化传播平台，融合四川传统文化和生态禀赋，打造文学艺术、公益广告等生态文化产品，挖掘、宣传生态环保先进典型，传递环保主旋律和正能量。建设生态文化宣传教育主阵地，打造生态环保主题公园等载体。规划建设具有四川特色的生态产品、公共场所和设施，打造长江生态文化体验带、藏区生态文化示范带。

拓宽宣传媒介和渠道。利用"双微矩阵"、抖音、快手、门户网站等载体扩大四川生态环境新媒体矩阵，传递环保主旋律和正能量；组织开展贴近实际、贴近生活、贴近群众的环保主题日宣传活动，实现广泛的社会宣传效益；加快推动地级市符合条件的环境监测、城市污水处理、城市生活垃圾处理等生态环保基础设施向公众"线上云开放"，增进对监管方和企业的信任，化解"邻避效应"。

引导和防范社会舆论风险。建立生态环境舆情监测和定期研判机制，探索运用大数据平台及时掌握群众对涉生态环境问题的反映投诉，对网民反映和群众普遍关心的热点问题、舆论媒体关注的敏感问题、环保组织关注的焦点问题，及时做好分析研判，回应社会关切；抓好信息发布工作，综合运用新闻发布、媒体采访等形式，注重发布传播效果；加大舆论引导，加强伴随式采访报道，策划主题采访活动，深入报道工作进展，曝光违法典型，宣传治理成效，增强群众对生态环境保护工作的认同感和支持度。建立社区圆桌对话机制，在社区党群服务中心（政务服务中心）建立政府、企业、公众定期沟通、平等对话、协商解决问题的平台，解决环境问题纠纷，从源头化解"邻避效应"。

15.3.3.2. 推动公众全民参与

加强环境信息社会公开。结合四川省实际，制定四川省环境信息公开规则，综合考虑信息公开的完整性、真实性以及及时性，公开环境质量、环保目标责任、环境政策法规等信息，加强重特大突发环境事件信息公开，对涉及群众切身利益的重大项目及时主动公开。

强化社会公众监督参与。制定生态环境违法行为举报奖励办法，多元化投诉举报渠道，鼓励公众积极举报生态环境违法行为，根据举报人的贡献程度和举报问题的重要程度实行分级奖励机制。健全环保重大决策及重大项目公众参与机制，通过组织召开座谈会、专家论证会、听证会等方式征求公民、法人及其他组织对环境保护相关事项或活动的意见和建议。加强舆论监督，鼓励新闻媒体对各类破坏生态环境问题、突发环境事件、环境违法行为进行曝光。制定环保公益性岗位管理办法，鼓励开发河道保洁、垃圾清运、护林防火、园林绿化等基层公益性岗位，优先安置就业困难人员就近就业。

发挥各类社会组织作用。加强对社会组织的管理和指导，加快培育发展社会组织，分批、稳妥、有序扩大向社会组织转移政府职能范围。建立生态环保公益小额资助制度，支持社会组织在文化宣教、公众参与、调研实践等方面开展公益项目，引导社会组织通过实地访问、民意调查、摄影摄像等方式参与环境治理监督。引导具备资格的环保组织依法开展生态环境公益诉讼等活动。

15.3.4 监管体系

15.3.4.1. 完善监管体制机制

健全环境监管模式。优化完善"双随机、一公开"监管制度，加大社会关注度高和投诉举报多的企业的抽查频次；分设专业执法人员库和普通执法人员库，以实现对特定行业、重点检查对象的抽查需要；推广跨部门联合检查，解决多头执法、重复检查问题。夯实生态环境网格化监管，推动网格化微站配合网格员联动，实现线上与线下互动，监测与监管协同。强化市（州）"三线一单"成果落地应用，建立以"三线一单"为核心的生态环境分区管控体系，将"三线一单"作为各级政府和职能部门推进污染防治、生态修复、环境风险防控等工作的重要依据。开展资源环境承载能力监测评价试点，对区域环境风险实施动态预警，将各类开发活动限制在资源环境承载能力之内。建立省内分行业排污强度区域排名制度，合理化利用环境容量保障发展需求。

进一步深化环评"放管服"改革。调整下放项目环评审批权限，鼓励市（州）在强化环评源头预防作用的原则下，于法有据地探索环评"放管服"改革。建立健全环评预审制度，对重大项目开辟环评审批绿色通道，提升审批效能。制定四川省重点行业环评技术规范，提升全省环评审批科学化、规范化、标准化水平。鼓励有条件的市（州）探索形成特色行业环评审批样板，形成可复制推广的模式。持续强化环评事中事后监管，对市（州）生态环境部门审批的环评文件定期和随机开展抽查复核，指导生态环境部门提高环评审批质量及效率。

15.3.4.2. 推动污染防治区域联动监管

推动跨区域跨流域污染防治联防联控。深化区域大气联防联控机制，制定成渝地区双城经济圈、成德眉资等重点区域重污染天气应急预案，统一预警启动和解除标准，统一应对措施，开展空气质量实时联合会商，动态更新重污染天气应急管控清单。健全跨界河湖联控联治机制，加强岷江、沱江、嘉陵江、赤水河等重点流域水生态环境联防联控，推动跨界河湖信息共享、联合巡查、联动执法、污染共治，构建起上下游、左右岸、干支流、岸上水里的协调治理模式。

完善区域环境风险预警机制，统一预警分级标准、信息发布和应对措施。以生态安全、环境质量、资源消耗为重点，围绕重污染天气联防联控、流域水污染治理、固危废物环境管理等重点问题，完善区域环境安全预警网络建设，提高风险防控、应急处置和区域协作水平。建立重污染天气预警联合会商平台，开展空气质量实时联合视频会商，同步采取应急减排措施。建设岷江、沱江等流域水环境治理预警体系和预警机制。对于突发环境污染事件，固危废需要跨区域应急转移处置的，应特事特办，可边应急转移处置，边补办相关手续。

15.3.4.3. 开展环境与健康风险监管试点

开展环境与健康影响调查试点。制定环境污染问题突出且存在较大健康风险的区域、企业清单。选择重点地区和重点行业，试点开展环境健康风险源和环境总暴露调查。根据风险源分布、环境介质中主要有毒有害污染物水平、人群主要暴露途径及暴露人群分布特点，因地制宜提出环境健康风险分级分类防控措施。

开展环境与健康风险评估试点。以石化、化工、医药等行业为重点，试点开展涉危险化学品企业环境健康风险评估。在岷江、沱江等重点流域试点开展累积性环境健康风险评估，划定高风险区域。科学制定"优先控制化学物质"风险评估计划，对具有持久性或生物累积性，或对生态环境和人体健康具有较大危害的，或潜在环境暴露风险较大的化学物质优先开展风险评估。优化调整高风险化学品企业布局，逐步退出环境敏感区。

探索构建环境与健康风险监测网络。探索将环境健康风险监测内容与生态环境监测网络建设整合，建立环境健康风险统一监测工作机制。研究技术方法体系，针对与健康密切相关的污染物来源及其主要环境影响和人群暴露途径开展监测，持续、系统收集基础信息，为及时、动态评价和预测环境健康风险发展趋势奠定基础。

15.3.5 市场体系

15.3.5.1. 做大市场规模

构建规范开放的市场。深入推进"放管服"改革，打破地区、行业壁垒，对各类所有制企业一视同仁，平等对待各类市场主体，引导各类资本参与环境治理投资、建设、运行。规范市场秩序，减少恶性竞争，防止恶意低价中标，加快形成公开透明、规范有序的环境治理市场环境。

强化环保产业支撑。充分运用国家生态环境科技成果转化综合服务平台，推动科技成果转化运用，鼓励环保企业自主创新。加快环保技术装备标准化、产业化，促进环保产业技术装备水平智能化、高端化跃升。引导环保装备企业向具有整体解决方案的综合服务商转型发展，推动中小企业向"专精特新"方向发展，促进龙头骨干企业与中小企业协作配套，扶持民营环保企业发展。鼓励环保企业开拓"一带一路"沿线国家市场，探索与沿线国家共建环保园区，引导优势环保产业集群式"走出去"。

15.3.5.2. 做活市场机制

创新环境治理模式。推进环境污染第三方治理制度，推进园区污染防治第三方治理示范，探索统一规划、统一监测、统一治理的一体化服务模式。开展小城镇环境综合治理托管服务试点，强化系统治理，实行按效付费。在环境基础设施建设领域推广政府和社会资本合作（PPP）模式，引导社会资本参与污水和垃圾处理等环境基础设施建设和运维。对工业污染地块，鼓励采用"环境修复+开发建设"模式。鼓励以生态价值为导向的城市开发（EOD）模式，推动环境治理与生态旅游、城镇开发等产业融合发展。探索农村人居环境治理众筹机制，让村民共同参与农村基础设施建设并获得收益分红。推广"一元钱"农村生活垃圾处理承包制，以每位村民每月交纳一元钱为标准，市场化引入农村生活垃圾清运承包人，解决农村生活垃圾处置和运输问题。建立"以商养厕"机制推进厕所革命，支持景区、乡村旅游点、交通节点等人流量大的厕所与商业铺位、汽车充电桩、自动售货机、广告位捆绑招标，鼓励社会资本承包经营。

健全价格收费机制。建立差别化污水处理收费机制，根据主要污染物种类、浓度、环境信用评级等对企业分档制定差别化收费标准，促进排污企业污水预处理和污染物减排。建立促进水资源节约的价格机制，推动城镇非居民用水超定额累进加价制度落地，非居民用水户用水超过定额用水量时，需对超出定额用水量加倍付费。出台生活污水处理设施用电优惠政策，生活污水处理设施用电执行居民生活用电基础电价，实行分时电价优惠政策，试行"高峰时段电价不上浮、低谷时段正常下浮"，参照脱硫电价方式对开展深度治理的实行优惠电价。健全固体废弃物处理收费机制，对城镇生活垃圾采取分类垃圾和混合垃圾差别化收费。

15.3.6 信用体系

15.3.6.1. 加强政务诚信建设

强化政府环境信用建设。建立健全环境治理政务失信记录，将地方各级政府和公职人员在环境保护工作中因违法违规、失信违约被司法判决、行政处罚、纪律处分、问责处理等信息纳入政务失信记录，并归集至相关信用信息共享平台，依托"信用中国"网站等依法依规逐步公开。

15.3.6.2. 加强企业诚信建设

加强企业环境信用评价与管理。完善四川省企业环境信用评价办法和工作机制，依据评价结果实施分级分类监管。扩展环保信用评价范围，将社会环境监测机构、机动车排放检验机构等第三方服务机构纳入评价范围。加大企业环境信用披露，将环境违法行为记入企业信用记录，纳入省社会信用综合服务平台，在"信用中国（四川）"网站和监管部门门户网站依法依规向全社会公开。探索企业直接责任人信用负责制，将排放严重超标企业的失信情况，记入实际控制人、法定代表人、主要负责人的个人信用记录。探索排污企业黑名单制度，对严重污染环境的企业依法依规纳入失信联合惩戒对象名单，被列入名单的企业将在信贷、债券、评定资质、申报项目等各方面受限。

15.3.7 法律政策体系

15.3.7.1. 强化法治建设

加快推进重点领域立法。研究制定以水污染防治、水生态修复、水资源保护"三水统筹"为导向的主要流域水环境保护条例，出台《四川省嘉陵江流域生态环境保护条例》《四川省岷江流域生态环境保护条例》等。探索跨省域、市域的饮用水源水环境保护条例，鼓励协同立法，试点共同立法。加强土壤污染防治地方立法，推动出台《四川省土壤污染防治条例》，修订《四川省固体废物污染环境防治条例》《四川省农药管理条例》。支持鼓励有立法权的市（州）针对生态环境治理的地方特定问题开展精细化立法。建立地方生态环境立法后评估指标体系，明确立法后评估工作程序。

严格执行执法"三项制度"。深化生态环境保护综合行政执法改革，全面推行行政执法公示制度、执法全过程记录制度、重大执法决定法制审核制度。出台四川省生态环境执法工作程序规范，明确具体执法守则，统一全省生态环境行政执法行为规范、执法流程和执法文书。定期组织执法稽查、案卷评查和现场执法回访。

加强司法保障。建立生态环境保护综合行政执法机关、公安机关、检察机关、审判机关信息共享、案情通报、案件移送制度。强化对破坏生态环境违法犯罪行为的查处侦办，加大对破坏生态环境案件起诉力度，加强检察机关提起生态环境公益诉讼工作。在四川省高级人民法院和具备条件的中基层人民法院调整设立专门的环境审判机构，统一涉生态环境案件的受案范围、审理程序等。实施生态环境损害赔偿制度，对损害生态环境的行为依法依规追究赔偿责任。探索建立"恢复性司法实践+社会化综合治理"审判结果执行机制。

15.3.7.2. 完善环境保护标准

成立四川省生态环境标准化技术委员会，推进形成科学的生态环境标准化工作机制和平台，支撑全省生态环境标准研究和制修订工作。鼓励委员单位申报标准制修订项目，加大市场自主制定标准活力，促进标准研制、科技创新和产业融合发展。

完善地方生态环境标准体系。加强大气、水、土壤等重要污染防治标准研制与实施，研究制定省级推荐性标准，做好生态环境保护规划、环境保护标准与产业政策的衔接配套，健全标准实施信息反馈和评估机制。注重新旧标准衔接，通过设置合理的标准过渡期，为企业产品与工艺升级和治污设施改造预留足够时间，提高政策可预期性。积极推进川渝标准体系协同发展，对比重庆地方生态环境标准，找差距、补短板，与重庆生态环境部门协商，开展川渝两地标准研究，制定具有地方特色的排放标准。

健全标准实施信息反馈和评估机制。推进标准评估常态化、机制化，配套制定标准管理制度，规范标准管理职能分工。结合相关法律法规变化情况、国家政策调整情况、科学技术发展和环境管理需求变化情况、相关国家标准、行业标准、地方标准发布情况，对标龄五年以上生态环境标准及时评估修订，及时掌握标准执行情况、实际达标率，测算标准实施的成本与效益，研究修订标准的必要性与可行性。

15.3.7.3. 加强财税支持

合理配置财政资金投入。建立健全常态化、可持续、稳定的各级政府环境治理财政资金投入机制。优化财政投入结构，省级财政资金重点向解决跨区域、外溢性强的环境问题倾斜，地方财政资金重点向当地公共环保基础设施建设倾斜。完善基于生态环境质量改善的财政资金分配机制，优化财政资金在生态环境保护和绿色发展中的投入方式和补贴方向。完善重点生态功能区财政转移支付机制，将生态红线面积、生态功能重要性等因素纳入补助计算公式，加大资金支持力度。

加强税收政策运用和创新。贯彻落实现行资源综合利用、污染物减排减税，以及污水处理费和城镇垃圾处理费等相关税费政策，积极支持污染防治和垃圾处理。贯彻落实环境保护、节能节水项目企业所得税等减免税政策，促进企业加强绿色技术创新和绿色产业投资。出台四川省环保相关企业所得税优惠目录，促进企业加强绿色技术创新和绿色产业投资。

15.3.7.4. 完善环境经济政策措施

多元化生态补偿方式。探索构建覆盖范围更广、补偿方式更多元化的生态补偿机制，推进跨省界流域上下游生态补偿机制建设，探索引入市场机制和社会资金参与生态补偿，鼓励生态受益地区与生态保护地区通过对口协作、产业转移、人才培训、共建园区等多元化方式建立补偿关系。

创新绿色投融资机制。整合环保部门现有事业单位技术资源和分散在省级各部门的各种环保类投资，探索组建四川环境投资集团，探索设立四川省绿色发展基金，通过政府投融资平台的杠杆作用，拓宽环保投融资渠道，有力推动重大项目的落地落实。完善绿色信贷制度，鼓励各类金融机构扩大绿色信贷规模，重点扶持生态产品价值实现重点项目，支持提供生态产品的企业通过绿色债券等融资工具进行融资。推动环境污染责任保险发展，在生态环境高风险领域研究建立强制责任保险制度，支持保险机构创新绿色保险产品和服务。利用政府和社会资本合作（PPP）模式扩大绿色投资，推动绿色项目PPP资产证券化。

健全生态环境权益交易机制。研究制定《四川省碳排放权交易管理办法》，优化升级四川省碳交易平台，丰富交易品种和交易方式，推动交易范围逐步扩大至其他高耗能、高污染和资源性行业，建设辐射西部的全国碳市场能力建设中心。建设四川省碳普惠机制，搭建区域性林草碳汇交易体系，逐步要求高耗能、高排放企业购买林草碳汇履行减排义务。统一规范用能权有偿使用和交易管理，逐步扩大纳入交易行业范围，丰富交易品种，提高交易活跃度，加快建立起归属清晰、流转顺畅、监管有效、公开透明的用能权交易市场，激发企业节能降耗的内生动力。建立排污权交易机制，完善初始排污权分配与核定机制，推动排污权交易二级市场发展。探索区域排污权益市场机制，建立区域污染物总量减排指标自愿交易制度，促进区域内减排空间充分利用和共享。

建立生态产品价值实现机制。以完善自然资源资产产权体系为重点，以落实产权主体为关键，以调查监测和确权登记为基础，建立健全自然资源资产产权制度体系。探索符合四川资源禀赋特征的生态产品价值核算方法，建立基于有序分配要求的生态产品价值核算体系，明确核算的基本原则、核算对象、核算流程及核算应用等。搭建生态产品交易平台，通过创新农业专业合作社组织方式、成立"森林银行""生态产品交易中心"等专业机构，构建生态产品价值实现的基本主体。引入社会资本和专业运营商，打通生态产品从资源管护、资源评估、资源整合流转和集约经营增值到最后实现交易的全过程，实现"资源变资产、资产变资本"。加快健全生态产品认证体系，积极培育发展生态产品认证机构，建立生态产品认证标准与管理办法，严把生态产品质量关，提升生态溢价价值。

第十六章　繁荣底蕴厚重内涵深刻的巴蜀文化

16.1 美丽文化基础与形势

蜀中物华天宝，人杰地灵，囊三星堆大金面具之神秘，含金沙遗址青铜神树之瑰丽，承司马相如汉赋之雅致，袭青莲居士诗词之壮美，传承自此几千年，独具神韵。源远流长的历史文化为推进美丽四川建设提供了深厚的文化根底。

16.1.1 基本现状

省委省政府高度重视。党的十八大以来，习近平总书记就文化和旅游工作发表了一系列重要论述，科学回答了事关文化建设和旅游发展的方向性、根本性、全局性问题。四川省委深入学习贯彻习近平总书记系列重要论述，围绕文化旅游发展作出了一系列战略规划。2018年5月，省委在"大学习、大讨论、大调研"活动中，提出了分别召开全省文化、旅游发展大会的初步设想；2018年6月，省委十一届三次全会确立了加快建设文化强省和旅游强省的目标；2018年10月，省委决定合并召开全省文化和旅游发展大会，正式启动会议筹备工作；2018年12月，省委十一届四次全会明确把文化旅游发展作为省委重点抓好的两件大事要事之一。时任四川省委书记彭清华同志多次对文化旅游发展作出重要指示批示，多次深入基层调研指导，多次召开会议专题研究，在"川港澳合作周"和2019年全国"两会"四川代表团开放日活动上，彭清华同志用"三九大"对四川文化旅游进行了推介。2019年和2020年省委省政府连续高规格召开文化和旅游发展大会，进一步明确了一系列事关全局和长远的重大部署。这一系列动作，充分彰显了省委、省政府增强"四个意识"、坚定"四个自信"、做到"两个维护"的思想自觉和行动自觉，充分体现了省委、省政府坚定不移推动中央关于文化和旅游工作的决策部署，特别是推动文旅融合发展的重大决策部署在四川落地生根、开花结果的信心决心。

文化资源丰富。 四川文化是伟大中华文明的重要组成部分，具有浓郁独特的巴风蜀韵。诞生了女娲、嫘祖、大禹等人文始祖的历史传说，创造了神秘灿烂的古蜀文明，孕育了茶文化、竹文化、丝绸文化、道教文化等东方文明符号性文化。勤劳质朴的农耕文化，开放多元的移民文化，信念坚定、不怕牺牲、敢于斗争、敢于胜利的红色文化，艰苦创业、无私奉献、团结协作、勇于创新的"三线"文化，以及万众一心、众志成城，不畏艰险、百折不挠，以人为本、尊重科学的伟大抗震救灾精神，与时代同步的社会主义先进文化在这方土地交融演进，凝聚形成了开放包容、崇德尚实，吃苦耐劳、敢为人先，达观友善、巴适安逸的人文精神。四川文化遗存丰富璀璨，登记在册的就有6.5万余处，青铜神树、金沙太阳神鸟等都是国之瑰宝，青羊宫、武侯祠、阆中古城等古迹星罗棋布，都江堰至今泽被广阔的成都平原。文化名家俊杰辈出，"文宗自古出巴蜀"，文翁兴学、落下闳创制《太初历》影响深远，司马相如、扬雄、陈子昂、李白、杜甫、苏轼、杨慎、郭沫若、巴金等留下脍炙人口的名篇佳作。文化习俗多彩多姿，拥有国家级非物质文化遗产139项，格萨尔史诗至今在全球广为传唱，羌历新年、彝族火把节等独具特色，川剧、灯戏、清音等魅力犹存，川菜、川酒、川茶等名扬四海，喝盖碗茶、涮麻辣烫、摆龙门阵、游"农家乐"等是川人的生活符号和"乡愁"记忆，工作"快节奏"、安逸"慢生活"在巴蜀大地奇妙交融，成为现代生活的生动写照。

自然资源独特。天下山水之观在蜀。诗人王勃盛赞"优游之天府、宇宙之绝观"。大自然的特别眷顾成就四川"天府之国"的美誉，也赋予了它得天独厚的旅游资源。四川地处青藏高原向长江中下游平原过渡地带，海拔跨度从7556米到188米，是神奇景观带中华对角线和北纬30度交汇地，是世界生物多样性最丰富的地区之一。这里钟灵毓秀、物华天宝，孕育了雪山、高原、峡谷、盆地、森林、冰川、大江大河等自然奇观，有世界自然和文化遗产5处、世界生物圈保护区4处、4A级及以上景区275个，均居全国前列。三星堆、金沙遗址"沉睡数千年，一醒惊天下"，九寨沟、黄龙是名副其实的"童话世界"，国宝大熊猫在这里繁衍生活800多万年，还拥有安宁河谷这样的世界级阳光康养走廊。雄奇秀美的自然风光与绚烂多彩的人文景观在这里相互映衬、相得益彰，展现出无穷魅力。

文旅产业蓬勃发展。四川文化旅游产业发展资源富集、基础良好，文化旅游产业发展比较优势突出。四川世界级旅游资源品牌数量众多，现有世界遗产5处，全国排名第三；人与生物圈保护区4处，全国排名第一；世界地质公园3处，全国排名第二；世界非遗4处。成都是中国第一个被联合国教科文组织授予"美食之都"称号的城市。在中国国家地理杂志"选美中国"评选中，四川有10处景观上榜，占全部上榜景观的8.77%，排名全国第三。"熊猫走世界"全球营销活动广受市场追捧。四川现有国家A级旅游景区539家，其中4A级及以上景区数量排名全国第一。旅游信息化成效明显，"四川旅游工作专题建设"被国务院办公厅确定为政府内网信息资源共享利用试点。四川旅游总收入2007年首次突破千亿元大关，到2018年突破1万亿元大关，2019年，四川旅游收入已经突破1.16万亿元、同比增长15%，已经成为国民经济重要的支柱产业，实现从旅游资源大省到旅游经济大省的历史性跨越。

16.1.2 形势分析

16.1.2.1. 主要不足

虽然四川文化旅游发展具备优质的资源禀赋、坚实的产业基础和有利的政策条件，但仍然存在一些亟待解决的问题和短板。一是品质有待提升，存在产品同质化、体验单一化的问题，与消费升级带来的品质化、重复性、体验式需求不匹配，产品以低附加值为主，高端业态发展不足，优质资源尚未充分转化为高品质的文化旅游产品和服务。二是内涵有待挖掘，一直以来四川旅游以自然风光为主，文化内涵挖掘不足，产业发展不够充分。三是布局有待优化，区域内的各类主体和项目存在龙头带动不足、重点聚焦不够、小散乱突出等情况，有待重点育珠、串珠成线、聚线成廊。四是体制有待健全，开发以政府为主，吸纳市场主体参与不够；跨区域跨部门统筹协调难度大，协调机制尚待健全完善，共创共建的品牌有待凝练培育；营销以传统方式为主，运用新媒体新技术不多。

16.1.2.2. 主要机遇

一是政策环境更加优化。 推动形成以国内大循环为主体、国内国际双循环相互促进的新发展格局，是以习近平同志为核心的党中央根据我国发展阶段、环境、条件变化作出的重大战略决策，是事关全局的系统性深层次变革。文旅经济是以人为核心的综合性产业，涉及面广、关联度高、渗透性强，必须准确把握文旅市场与产业发展的新特点和大趋势，推动我省文旅产业浴火重生、创新发展。中央确立了建设世界旅游强国、把文化产业培育成国民经济支柱性产业的目标，重点培育包括旅游、文化在内的"五大幸福产业"，出台了一揽子支持政策，让"诗"和"远方"融为一体。

二是大市场正在加速形成。 文旅消费重心正在向以国内为主转变。近年来，国民旅游消费需求旺盛，特别是出境游呈逐年上升态势，大量旅游消费释放到国外，境外购物占比超过50%，形成较大的旅游消费逆差。按照世界经济发展一般规律，一个国家或地区人均GDP超过5000美元时，文化旅游就会成为基本生活内容和重要消费需求。这次疫情带来的一个显著变化，就是旅游消费重心从国外向国内转移，这将带动消费需求回流，创造万亿级市场增量。

三是要素驱动更加多元。文旅产业发展正在向投资、科技、创意等多元要素驱动转变。去年我国人均国民总收入超过1万美元、达到上中等收入经济体水平，2025年将迈过高收入经济体门槛，文化旅游消费成为刚需，消费者更看重体验、创意和文化，加之新一代移动通信技术、虚拟现实、大数据分析、物联网应用与"新基建"深度融合，对文旅产业发展提出了新的更高要求。未来文旅产业不能再简单依赖景区开发、人造景观、门票经济，而是要综合运用资本、科技、创意等各方面要素和条件，以创新驱动赋能文旅产业提档升级。

16.2 目标举措

发挥艺术在美丽四川建设中的重要作用，把更多美术元素、艺术元素应用到生活中，增强审美韵味、文化品位，打造世界文化名城、文创名城、音乐之都，努力形成文艺创作生产的"高峰"和文化"高地"，建成繁荣发展的文化艺术之都。

16.2.1 发展目标

把四川文化和旅游资源优势转化为发展优势，为人民美好生活提供丰润文化滋养，为经济社会发展夯实强大产业基础，把四川省建设成为文化事业繁荣发展、文旅产业深度融合的文化高地和世界重要旅游目的地。

巴蜀文化影响力显著提升。以三星堆、九寨沟、大熊猫等为代表的四川文旅品牌誉满全球，文艺精品力作不断涌现，文化名流名家不断集聚，具有国际影响的文化活动品牌不断丰富，对外文化形象不断提升。

四川旅游吸引力显著提升。实现旅游发展全域化、旅游服务品质化、旅游治理规范化、旅游效益最大化。文旅精品大幅呈现，四川旅游知名度、美誉度、开放度显著提升，旅游总收入、接待入境游人次、旅游外汇收入均实现翻番。

文化旅游供给力显著提升。现代公共文化服务体系基本建成，旅游高质量产品供给极大丰富。市（州）有"五馆一院"〔文化馆、图书馆、博物馆、非物质文化遗产馆（中心）、美术馆、剧院（场）〕，县有"四馆"〔文化馆、图书馆、博物馆、非物质文化遗产馆（展示场所）〕，乡镇（街道）有综合性文化服务中心。国家级和省级旅游度假区达到100个，生态旅游示范区达到100个，A级旅游景区达到1000个。

文旅产业竞争力显著提升。文化和旅游产业规模不断扩大，作为支柱产业的支撑带动作用更加凸显。总资产和总收入实现"双百亿"的企业达到5户，上市挂牌企业达到50户，文旅融合发展示范园区达到30个。文旅市场规范有序，人民群众文化旅游获得感、幸福感显著增强。

16.2.2 基本原则

处理好文化与旅游的关系，走融合发展之路。把两者统筹起来谋划推进，讲好故事、谋好项目、做好产品，增强文旅产业发展新动能，做到文以旅传、旅以文兴。要正确处理事业与产业的关系，走协调发展之路。牢固树立文化自信，坚持社会主义先进文化前进方向，坚持以人民为中心，大力弘扬社会主义核心价值观，建立完善现代文化旅游产业发展体系，实现社会效益和经济效益的有机统一。

处理好局部与整体的关系，走全域发展之路。按照全地域覆盖、全要素整合、全领域互动、全社会参与的原则，全省"一盘棋"布局、各地"车马炮"落子，推动文旅景观全域提升、服务供给全域配套、市场治理全域覆盖、相关产业全域联动、发展成果全民共享。

处理好保护与开发的关系，走持续发展之路。坚持生态优先、绿色发展，加强文物保护利用和文化遗产保护传承，让四川文化更加流光溢彩，让巴蜀大地更加水绿山青，前不负祖先，后造福子孙。

16.3 重点任务

以生态价值观念为准则，坚持尊重自然、顺应自然、保护自然，促进人与自然和谐发展，完善文化旅游发展格局，提升文化旅游资源，加强对外交流合作，补齐短板，加快建立健全以生态价值观念为准则的生态文化体系，把建设美丽四川转化为全省文旅产业重要支撑。

16.3.1 拓展全域文化旅游发展

优化完善全省文化旅游发展格局。贯彻落实省委"一干多支""五区协同"发展战略，建设成都文化旅游经济发展核心区，支持成都打造世界文创名城、旅游名城、赛事名城和国际美食之都、音乐之都、会展之都，增强世界旅游吸引力和影响力，发挥对全省的辐射引领作用。建设以大熊猫文化、古蜀文明等为主要特征的环成都文化旅游经济带，长江文化、民俗文化等为主要特征的川南文化旅游经济带，巴文化、蜀道文化等为主要特征的川东北文化旅游经济带，彝文化、"三线"文化等为主要特征的攀西文化旅游经济带，藏羌民族文化、长征文化等为主要特征的川西北文化旅游经济带。

探索开展全域旅游创建。坚持统筹推进、突出融合发展、加强基础配套、实施综合营销、强化共建共治，推动5个市（州）、50个县（市、区）创建国家全域旅游示范区，争创国家全域旅游示范省。对通过国家全域旅游示范区验收的市（州）政府一次性给予500万元、县（市、区）政府一次性给予300万元奖补。

16.3.2 整合提升文化旅游资源

精心打造标志性文旅品牌。品牌是壮大文旅产业的标识。大熊猫是四川响当当的王牌名片，长期以来，"到四川看熊猫"是境外游客来川的重要原因之一。打造"十大"知名文旅精品，持续开展"熊猫走世界"活动，每年在两个以上国家和地区举办中国（四川）大熊猫文化旅游周，吸引更多国际游客"走进来"，带动川剧、川灯、川菜、川茶、川酒等"走出去"。大力推进古蜀文明传承创新，加强三星堆遗址研究、发掘和保护，与金沙遗址一道申报世界文化遗产，建设世界古文明研究和文化旅游高地。规划建设大九寨世界遗产旅游区、香格里拉文化生态旅游区、羌族文化生态保护实验区，把藏羌彝文化走廊打造成世界级文化旅游品牌。实施精品线路推广工程，打造G318/G317中国最美景观大道、蜀道—嘉陵江、川南长江度假旅游线、攀西阳光康养、长征丰碑红色旅游等九条精品线路。集中力量，联动发展，下任务书，打攻坚战，推动四川文化旅游尽快形成标志性品牌、发挥引领性效应。

推广文旅精品线路。有效整合全省文旅优质资源，加强宣传推广，打造大熊猫国际生态旅游线、世界遗产旅游线、G318/317中国最美景观大道旅游线、香格里拉生态文化旅游线、蜀道—嘉陵江旅游环线、川东北休闲度假旅游线、川南长江度假旅游线、攀西阳光康养旅游线、长征丰碑红色旅游线九条四川旅游精品线路。

推进节会活动品牌培塑。按照"政府引导、市场主体"的原则，举办中国（四川）文化产业博览交易会和四川图书展。办好中国成都国际非物质文化遗产节、中国网络视听大会、中国（四川）国际旅游投资大会、四川艺术节、四川电视节、四川国际旅游交易博览会、四川国际文化旅游节。做强四川音乐季、四川省乡村艺术节、四川文化消费节等具有重要影响力的节会活动品牌。

加强文化遗产保护利用。深化文物保护利用改革，加强革命文物集中连片保护利用，建设一批文物保护展示利用示范项目。建立非物质文化遗产传承人培养激励机制，加强非物质文化遗产生产性保护，实施传统工艺振兴计划、振兴川剧和曲艺工程。

推动文艺精品创作展演。持续推动当代文学艺术创作、影视精品创作，实施舞台艺术精品、重大主题美术创作工程。打通文艺创作、生产、展演、消费及经纪代理环节，搭建优秀作品多元传播展示平台。设立四川艺术基金，加大文艺创作生产扶持力度。

强化历史名人文化传承创新。挖掘四川历史文化名人的时代价值，新建、改（扩）建一批历史名人陈列馆、博物馆、纪念场所、传习基地。围绕历史名人文化，推出一批学术研究中心、品牌文化活动、文艺精品力作、优秀文创产品、主题旅游线路和研学旅游目的地。

推进文旅特色小镇培育。以特色文化、自然风光、文物古迹、特色建筑等独特资源为依托，进一步挖掘、融合、转化、创新城镇文化内涵，完善基础服务设施，加强对外推介宣传，提升综合效益，打造一批主题鲜明、功能完善、宜居宜游宜业的文旅特色小（城）镇。

16.3.3 打造巴蜀文化旅游走廊

围绕"吃、住、行、游、购、娱"开展深度合作，推动巴蜀文化旅游走廊居民生活环境和文化旅游环境整体提升。

聚焦"吃在巴蜀"。挖掘巴蜀饮食文化历史渊源和流派传承，整合川渝地区川菜、火锅、白酒、茶等餐饮品牌资源，着力培育包装一地一味的饮食地标，绘制具有浓郁巴蜀味道的鲜香地图。

聚焦"住在巴蜀"。依托川渝毗邻地区生态旅游资源廊道，打造以避暑消夏、冬旅温泉等为主的生态康养度假区；依托川渝两地名城古镇古村落的自然风光、文化风情、慢生活体验，培育发展精品民宿、特色民宿。

聚焦"行在巴蜀"。推动连接重点景区的国省干线公路加快成网，实现川渝两地和省域内交通互联互通，机场、车站、码头到主要景区公共交通无缝对接。

聚焦"游在巴蜀"。加快巴蜀古遗址、跨境大江大河、石窟石刻艺术等精品旅游线路建设，推动成渝沿线主要城市、游客集中区域设立一站式游客服务中心，提升旅游集散中心、咨询服务中心、旅游厕所、景区停车场、汽车营地等服务功能，推进公共空间艺术化景观化。

聚焦"购在巴蜀"。联动实施144小时过境免签政策，打造川渝特色文旅产品集中购物区和免税商品展示体验交易中心，加大川渝老字号商品、非物质文化遗产保护宣传，共同完善电子商务和物流配送体系。

聚焦"娱在巴蜀"。大力发展音乐、动漫、游戏、演艺、会展等产业，打造精品文化盛宴，健全现代博物馆、图书馆、文化馆体系，提升城市文化品位。深入开展百万门票互赠、百万市民互游、24条精品线路互推活动，推进"智游天府"和"惠游重庆"平台融通对接，共同打造多元化、个性化、品质化的文旅体验项目。

16.3.4 补齐短板创新发展模式

聚焦文旅融合推进业态创新。大力推进"文化+""旅游+""文旅+"，创新文旅业态，把"吃、住、行、游、购、娱"和"商、养、学、闲、情、奇"结合起来，推动文化旅游与科技、教育、体育、农林、水利、气象等融合，开发山地度假、避暑研学、玩冰赏雪等旅游新产品。培育互联网文化生态，高品质发展动漫游戏、电子竞技、数字文博等业态，充分利用高等学校、科研院所、科技工程、科普场馆等发展科技旅游。认真贯彻《关于加强文物保护利用改革的实施意见》，把创新文物价值传播推广体系、加强文物资源资产管理、推进博物馆建设等重点任务落到实处，既保护管理好，也研究利用好，真正让收藏在禁宫里的文物、陈列在广阔大地的遗产、书写在古籍里的文字都"活"起来，把属于巴蜀大地的文化记忆传承下去、发扬光大。大力发展"月光"经济，打造旅游演艺品牌，开发特色夜游、休闲娱乐、灯光秀等，改变"白天看景、晚上走人"境况，让客人慢下来、留下来、住下来。

做大做强引领发展的市场主体。大力实施文化旅游优秀龙头企业培育工程，引进一批具有国际影响力的文旅战略投资者和运营商，打造一批本土文旅领军企业，支持培育一批民营和中小微文化旅游企业，以大企业牵引资源大整合、开拓文旅大市场。培育市场主体，既"引进来"也"扶起来"。深化文化体制改革，培育打造一批市场化艺术团体，引导新文艺群体、新文艺机构和新文艺聚落发展，打造具有四川特色的艺术商圈和文艺川军。

着力推进重点文旅设施补短板。加快汶川至马尔康、乐山至西昌、宜宾至攀枝花等高速公路建设，推动连接重点景区的国省干线公路提档升级，把成南达万、成自宜高铁和川藏铁路等重要铁路交通线建设成黄金旅游线。加快推进成都天府国际机场、九寨黄龙机场等建设国家开放口岸，支持西昌、绵阳、宜宾、泸州、南充、达州、广元等地机场按照国家开放口岸标准进行改（扩、迁）建，积极争取国家在川增设更多开放口岸，为提升文化和旅游开放发展水平创造更好条件。"漫游"重点要推进交通干线、旅游道路、景区景点等周边环境净化美化，加强景区人行绿道、景观平台等建设，融入当地特色文化，使游客进得快、游得广、玩得好。大力推进文化旅游标准化建设，设立一站式游客服务中心，推进公共空间艺术化景观化，持续开展"美丽四川·清洁乡村"农村人居环境整治，深化"厕所革命"，从细处着手营造宾至如归的体验环境。要着眼于"便捷"，发挥科技的独特作用，打造"天府文旅"智慧信息平台，规划建设一批"智慧旅游城市"和"智慧旅游景区"，推动智慧旅游向纵深发展。

16.3.5 统筹支撑文旅产业发展

强化规划引领。建立规划统筹机制，各区域、各地方、各景区规划，都要在"一核五带"总布局下谋划，摸清文旅资源家底，综合考虑客源导引、历史传承、国土空间、城乡建设等因素，实现省级统筹、市（州）主体、区域协同。建立多规合一机制，推进文旅规划与产业布局、交通发展、公共服务、生态环保等规划衔接，发挥综合联动效益。建立重点项目统一规划机制，"十大"知名文旅精品、5A级景区、全域性文旅品牌等由省级层面牵头指导，地方组织实施，邀请有经验、有品位、有水平的专家和机构做"细活"。着力擦亮"三九大"这几块金字招牌。三星堆着力抓好博物馆新馆建设，高质量打造国家大遗址保护利用示范区；九寨沟着力抓好景区品质和服务设施提升，在确保质量安全前提下加快恢复重建进度，以新形象展现在世人面前；大熊猫国家公园建设要统筹考虑保护和发展，按照总体规划抓紧谋划推出一批特色项目、精品路线，支持成都扩容提升大熊猫繁育研究基地。

强化金融支持。探索设立文旅新业态基金、融资风险补偿基金，鼓励银行设立文旅金融专营机构，支持文旅企业上市，用市场的办法解决"钱从何来"的问题。加强人才队伍建设，引进培养策划、营销、管理等高端人才，发展多层次"购买服务"，让专业的人干专业的事。"人人都是旅游形象"，在全省实施文明旅游行动计划，广泛开展文化旅游志愿者服务，鼓励有意愿有能力的大学生、离退休专家学者等人员义务开展文旅解说、涉外翻译等，让"人"成为最美的风景。

发挥辐射作用。围绕构建"四向拓展、全域开放"立体全面开放新态势，加强与重庆、贵州、云南、西藏、陕西、甘肃、青海等周边省份，以及北京、上海、广东、浙江、香港、澳门等联动合作，推动旅游客源、接待、线路等全面对接。入境游是我省的突出短板，改变这一状况根本还是靠产品吸引力。要精心打造特色产品，精准深耕细分市场，突出重点地区、友好城市、特定群体，深入开展主题营销、驻地营销等，提升四川文化旅游知名度美誉度。精细做好管理服务，实施国际游客出入境便利化安排，争取144小时落地免签，全方位打造国际化环境，激发更多海外游客对四川的向往之心。

推进公众参与。探索当地群众合理分享经营收益机制，让群众参与资源开发、商品产销、经营活动等，重大项目建设不能让当地群众"一搬了之"，尽可能让他们融入其中，让当地居民生活成为活的文化和独特情境体验。"农家乐"是四川旅游的创新之举，研究制定支持政策，按照一二三产业融合的思路，打造特色村落、艺术部落、产业聚落等新业态，建立完善合作社、村级开发公司等合作新机制，推动转型提升、"二次创业"。探索旅游扶贫巩固发展机制，将扶贫旅游项目纳入全省文旅大格局中不断完善提升、持续推介宣传，带动一方经济发展，造福一方百姓致富。

强化交流合作。实施巴蜀文旅全球推广计划，支持各类主体在境外设立四川文旅营销中心，开拓文旅市场。强化与粤港澳大湾区合作，开通川港澳文旅合作直通车。扩大对台文化交流。制定发展入境旅游实施意见。鼓励各地针对旅游包机、旅游专列、省外游客来川大型自驾活动等制定营销措施。

第十七章　重大工程

　　四川省各地深入贯彻中央关于绿色发展的新理念新战略新部署和省委关于推进绿色发展建设美丽四川的决定，牢固树立绿色发展理念，坚持把生态优先、保护环境作为转变发展方式、调整产业结构的重要抓手，作为惠民生、促和谐的重要任务，全面落实环境保护目标责任，强力推进治污减排工作，有效防范环境安全风险，环境保护取得阶段性进展，环境质量总体稳中趋好。持续推进水环境质量优化工程、固体废物—垃圾分类收集和处理处置工程、大气污染治理工程及清洁能源改造工程、农业污染综合治理及乡村振兴和示范项目、生态保护修复监管工程、生态环境质量和生物多样性监测等项目，完善美丽环境、美丽制度、美丽文化、美丽乡村、美丽经济、美丽空间、美丽流域等重大工程体系。

　　建立重大工程体系。实施固废领域专项治理、重点区域土壤污染治理与修复、建筑垃圾无害化资源化利用等项目建立美丽环境体系；实施雅安市历史遗留场地土壤污染状况调查、《医疗废物分类名录》调研项目、饮用水源综合管理信息平台等项目建立美丽文化体系；实施农村人居环境综合整治、农村生活污水整治、农作物秸秆综合利用等项目建立美丽乡村体系；实施电子信产业绿色化、资源再生利用、节能环保产业推进等项目建立美丽经济体系。同时，争取将山水林田湖草系统整治、重点湖泊和流域生态环境整治修复、环境基础设施高质量建设、重点行业减排、生态环境应急保障与监测预警体系建设、基层生态环境监管能力标准化建设、环境治理科技重点专项等纳入国家、省重点工程。

拓展重点项目投融资渠道。拓宽融资渠道，发挥环保专项资金、生态转移支付、补贴、地方债、基金、PPP等多渠道资金合力作用，支撑环境基础设施、生态保护、城市环境治理修复等公益性项目实施。通过优化补贴资金、完善价格形成机制等方式建立超低排放鼓励政策、清洁能源支持政策、绿色农业补贴政策、城镇污水处理全成本定价政策等具体举措，保障工程项目实施。

表17-1　美丽四川建设重点工程

重点领域	建设内容
美丽空间	加强自然保护地保护。积极开展大熊猫国家公园体制试点，创新国家公园管理体制，开展若尔盖等国家公园建设试点。实行自然保护地统一管理、分区管控，自然保护地内探矿采矿、水电开发、工业建设等项目应有序退出。推进自然保护地勘界立标，做好与生态保护红线的衔接。大力推进镇（村）自然保护地融合发展，打造智慧自然公园。实施"绿盾"自然保护区监督检查专项行动成效评估，对全省1252个自然保护区突出生态环境问题整改情况和生态恢复效果进行评估。 　　协同推进成渝地区双城经济圈生态保护。建设巴蜀生态走廊湿地连绵带，实施湿地保护修复，打造立体湿地生态空间与人居环境优化协同共生典范。以秦岭—大巴山、龙门山—凉山等重要生态功能区为重点，继续开展天然林资源保护、林草适应气候变化行动，进一步巩固和提升退耕还林成效，加大中幼龄林抚育力度和低效林改造力度，建设一批国家储备林基地和环城森林带。实施生态退化区建设与修复，积极推进龙门山、川北丘陵低山等地区崩塌、滑坡等地质灾害防治。 　　积极开展成德眉资山水林田湖草一体化保护。推进自然生态空间联合保护，以龙门山—邛崃山、龙泉山、岷江、沱江等沿山沿江地区为重点，构建"两山两带"生态安全屏障。编制都市圈自然保护地规划，建立成德眉资自然保护地"一张图"，推动自然保护地评估。 　　深入实施川西北地区山水林田湖草系统保护。强化湿地保护修复，系统规划、统筹推进若尔盖湿地国家公园建设，探索湿地保护和资源利用新模式，积极争取纳入国家公园体制试点。

重点领域	建设内容
美丽经济	推进产业结构调整。加快落后产能淘汰退出，加快传统产业转型升级，大力推动食品、轻工、纺织、冶金、建材、机械、化工等传统领域的企业技术改造。深入推进工业企业清洁生产改造，加快燃煤锅炉淘汰和升级改造，深入推行30万千瓦及以上煤电机组、钢铁行业超低排放改造，深化水泥行业提标升级改造。加快发展清洁能源产业，强化水电、页岩气、风电、太阳能光伏发电等清洁能源开发。 　　促进高效生态农业发展。推动农村废弃物再利用，加大农业污染防治力度；加快现代农业园区建设，大力扶持发展农产品加工和配套型企业。 　　深化现代服务业发展。降低服务业企业出资最低限额，实施对工业企业分离发展服务业的鼓励政策，优先发展运输业。 　　推动生活方式绿色化。开展绿色生活"十进"活动（进家庭、进机关、进社区、进学校、进企业、进商场、进景区、进交通、进酒店、进医院）；积极利用世界环境日、世界地球日、森林日、水日、海洋日、生物多样性日、湿地日等节日集中组织开展环保主题宣传活动。积极开展节约型机关、绿色家庭、绿色学校、绿色社区、绿色出行、绿色商场、绿色建筑等创建行动和生活垃圾分类收集和处理示范行动。 　　倡导绿色消费。推动对严重污染大气环境的工艺、设备和产品实行淘汰制度。推进绿色包装，引导企业采用环保原材料，提升印刷全过程VOCs防治水平，加强包装印刷废物妥善进行无害化处理的力度；推动包装减量化、无害化，鼓励采用可降解、可循环利用的包装材料。促进绿色采购，充分发挥政府绿色采购的带动与示范作用，优先在企事业单位实施绿色采购，构建绿色供应链，鼓励使用"环保领跑者"产品。 　　推进低碳节约生活方式。倡导光盘行动，开展提醒警示制度和节约奖励机制试点。推出"光盘"优惠券、"半份菜""小份菜""拼菜"、打包服务、大型聚餐主食和汤品自助等精细化服务。 　　鼓励低碳出行。加快新能源汽车推广应用，大力推进公交运输装备绿色化。加快制定四川省旅游出行绿色化倡议书，倡导绿色低碳出游。
美丽环境	稳步提升水环境质量。加强河湖生态保护，开展流域生态安全调查和评估，加大对河流水源涵养区、生态缓冲带、生态敏感脆弱区和饮用水水源地的保护力度，开展综合整治工程。协同水环境保护治理。开展工业集聚（园）污水治理设施的三年提质增效工作，鼓励有条件的各类园区先行启动海绵城市建设，推动中水回用工程的建设。强化饮用水源地保护。提升饮用水水源地水质监测和预警能力。加强城镇应急备用水源建设及管理，提高城市供水的防御突发事件的能力，稳步推进县级"双水源"建设。推进水资源优化配置和统一调度，加快实施李家岩水库、武引二期、引大济岷、长征渠等引水连通工程，持续优化水资源合理配置和高效利用。 　　持续改善大气环境质量。优化产业结构推动重点区域化工、制药、工业涂装企业"退城进园"。深入推进"散乱污"企业清理整顿。加快能源结构调整。推进清洁能源产业发展，充分发挥水电优势，推进风电基地建设，进一步削减煤炭消费总量。加强大气现代化治理能力建设。统筹区域大气环境治理需求，结合各地大气污染特征，优化颗粒物组分网和光化学监测网络布设与建设。加强污染源监测监控能力建设，完善监测技术质量管理体系。

重点领域	建设内容
美丽环境	深化土壤环境质量改善。管控建设用地土壤风险。加强对遗留场地、潜在污染场地实行分级管理,用地历史信息管理,建立跟踪机制,提升建设用地全生命周期风险管控。 固体废物合理处置。促进建筑垃圾资源化利用。强化建筑垃圾源头分类收集,完善现有建筑垃圾收运体系。推动构建固定式处置设施、移动式处置设施和现场就地处置设施相结合的建筑垃圾资源化利用模式。积极引导先进技术及产业政策。推广应用工业固废综合利用先进适用技术装备,提升工业固体废物综合利用水平,提高资源利用效率,推进工业绿色发展。提升医疗废物处置能力。加快医疗废物处置设施建设。补齐医疗废物处置短板,建立以市(州)为中心、重点县为节点的医疗废物处置体系。提升生活垃圾处置能力。加快处理设施建设、强化垃圾前端收集、加强监管能力建设,加强生活垃圾分类管控,推进生活垃圾中有害垃圾的分类收集与利用处置。
美丽文化	优化完善全省文化旅游发展格局。建设成都文化旅游经济发展核心区,建设以大熊猫文化、古蜀文明等为主要特征的环成都文化旅游经济带,长江文化、民俗文化等为主要特征的川南文化旅游经济带,巴文化、蜀道文化等为主要特征的川东北文化旅游经济带,彝文化、"三线"文化等为主要特征的攀西文化旅游经济带,藏羌民族文化、长征文化等为主要特征的川西北文化旅游经济带。 加强文化遗产保护利用。加强革命文物集中连片保护利用,建设一批文物保护展示利用示范项目。建立非物质文化遗产传承人培养激励机制,加强非物质文化遗产生产性保护,实施传统工艺振兴计划、振兴川剧和曲艺工程。 强化历史名人文化传承创新。挖掘四川历史名人文化的时代价值,新建、改(扩)建一批历史名人陈列馆、博物馆、纪念场所、传习基地。围绕历史名人文化,推出一批学术研究中心、品牌文化活动、文艺精品力作、优秀文创产品。
美丽旅游	打造巴蜀文化旅游走廊。围绕"吃、住、行、游、购、娱"开展深度合作,推动巴蜀文化旅游走廊居民生活环境和文化旅游环境整体提升。 聚焦文旅融合推进业态创新。大力推进"文化+""旅游+""文旅+",创新文旅业态,把"吃、住、行、游、购、娱"和"商、养、学、闲、情、奇"结合起来,推动文化旅游与科技、教育、体育、农林、水利、气象等融合。培育互联网文化生态,高品质发展动漫游戏、电子竞技、数字文博等业态,充分利用高等学校、科研院所、科技工程、科普场馆等发展科技旅游。
美丽民族	举办特色民族活动。开展专业舞台比赛、基层惠民巡演、美术、书法、摄影展览等丰富多样的活动,展示四川省民族地区的文化资源优势和及少数民族艺术创作新成果等。 深度挖掘民族地区文化资源。加快文化产业发展,持续抓好产业发展和就业服务,促进产业增收见效和就业长期稳定。 推进少数民族的特色产业升级。大力弘扬民族文化,充分发挥各个民族独特的创造力,利用其本民族自身的精神财富与物质财富,构成如苗族的银饰、彝族的百褶裙、藏族的袍子等特色的文化特质,推进民族的特色文化融合,汇聚成少数民族特色的文化模式,逐渐带动特色产业升级。

重点领域	建设内容
美丽城市	持续推进城市绿色发展。全面推进国家低碳城市建设，探索构建碳配额、碳普惠和减排量多层次碳市场体系。构建社区居民全面参与生活环境保护的社会行动体系。开展四川省公民生态环境行为调查，制定成都市公众生活绿色生活消费方案，建设公众低碳生活一体化服务平台。 全面提升城市功能品质。持续加强步行、自行车交通系统建设。完善绿色货运结构，持续推进对外交通低碳绿色发展。加强城市交通管理，优化城市功能和布局规划，推广智能交通管理，缓解城市交通拥堵。完善高架路、立交桥和行人过街设施建设，减少人流、车流的交织，减少汽车拥堵。 提升城镇绿色纽带功能。促进城乡高质量融合发展，加快产城镇融合建设，优化城镇工业布局，提升产业集聚功能，引导村级产业功能区向城镇产业平台，退散进集。均值化配置城乡环保、教育、医疗、体育、文化、旅游等基本公共服务设施。
美丽乡村	大力培育建设中心村。实施"农村建设节地"工程，鼓励建设多层公寓住宅，推行建设联立式住宅，控制建设独立式住宅；推进生态家园建设，完善基础设施配套，促进城乡公共资源均等化。 打造整洁村容村貌。最大限度扩大林木面积，增加林木总量，实现点上成景、线上成带、面上成片，把生态亮点打造成景点，串联景点形成景区，建设乡村休闲旅游景观带。 大力发展特色产业。发展乡村生态农业，在成都、南充、德阳等市推进现代农业园区、粮食生产功能区建设，发展农业规模化、标准化和产业化经营。加快形成以重点景区为龙头、以骨干景点为支撑、以"农家乐"休闲旅游业为基础的乡村休闲旅游业发展格局。 培育特色文化村。推广巴中市恩阳区寿文化村的模式，把历史文化底蕴深厚的传统村落培育成传统文明和现代文明有机结合的特色文化村。
美丽区域	五大经济区实施分区域差别化管理。成都平原经济区。针对突出生态环境问题，大力优化调整产业结构。加快地区生产总值（GDP）贡献小、污染排放强度大的产业（如建材、家具等产业）替代升级，结构优化。川南经济区。优化沿江、临城产业布局，明确岸线1公里范围内现有化工等高环境风险企业的管控要求。促进轻工、化工等传统产业提档升级，严控大气污染物排放。川东北经济区。控制农村面源污染，提高污水收集处理率，加快乡镇污水处理基础设施建设。建设流域水环境风险联防联控体系。提高大气污染治理水平。攀西经济区。提高金沙江干热河谷和安宁河谷生态保护修复和治理水平。提高矿产资源综合利用率，加强尾矿库污染治理和环境风险防控。合理控制钢铁产能，提高钢铁等产业深度污染治理水平。川西北生态示范区。限制工业开发等明显破坏生态环境的活动，严控"小水电"开发，合理控制水电、旅游、采矿、交通等建设活动，引导发展生态经济。加强生态保护与修复，强化山水林田湖草系统保护与治理。 城镇化战略格局以"一核、四群、五带"为主体。支持中小城市逐步疏解大城市中心城区功能，推动城镇群建设向资源集约与高效利用方向转变。构建大尺度生态廊道和网络化绿道脉络。深入实施城市公园、绿道等绿色基础设施建设工程。加强生态园林城市系列创建工作，支持成都、宜宾、眉山等开展公园城市建设。

重点领域	建设内容
美丽制度	建立健全领导责任体系。建立委员会成员责任机制、考核机制和奖惩机制。强化省级生态环境机构建设，提升省生态环境综合行政执法总队机构能力建设。深化省级生态环境保护督察，出台《四川省生态环境保护督察工作细则》。优化完善绩效考核。 　　健全企业责任体系。实现固定污染源排污许可全覆盖，推动排污单位按证排污、持证排污。建立四川省工业企业生态环境保护"白名单"制度，实行差别化的环境监管。建立企业环保"领跑者"制度。推动企业公开环境信息。 　　健全监管体系。优化完善"双随机、一公开"监管制度。强化市（州）"三线一单"成果落地应用。推动跨区域跨流域污染防治联防联控，深化区域大气联防联控机制，制定成渝地区双城经济圈、成德眉资等重点区域重污染天气应急预案。加强岷江、沱江、嘉陵江、赤水河等重点流域水生态环境联防联控。 　　健全信用体系。建立健全环境治理政务失信记录。完善四川省企业环境信用评价办法和工作机制，依据评价结果实施分级分类监管。 　　健全法律政策体系。出台《四川省嘉陵江流域生态环境保护条例》《四川省岷江流域生态环境保护条例》等。加强土壤污染防治地方立法，推动出台《四川省土壤污染防治条例》，修订《四川省固体废物污染环境防治条例》《四川省农药管理条例》。建立地方生态环境立法后评估指标体系，明确立法后评估工作程序。深化生态环境保护综合行政执法改革。

参考文献

[1]《美丽中国建设评估指标体系及实施方案》(发改环资［2020］296
　　　号）.

[2] 彭清华.筑牢长江上游生态屏障　谱写美丽中国四川篇章［N］.学习
　　　时报，2020-10-07（001）.

[3]《中共四川省委关于推进绿色发展建设美丽四川的决定》，四川省人
　　　民政府.

[4]《四川统计年鉴》（2016年—2019年），四川省统计局.

[5]《四川省生态环境状况公报》（2016年—2019年），四川省环境保护厅.

[6] 杨荣.马克思主义生态观视域下绿色四川建设研究［D］.西南财经大
　　　学，2019.

[7] 黄婧琳.“两型社会”背景下四川生态文明建设对策研究［D］.西南石
　　　油大学，2014.

[8] 裴佩.厚植绿色本底　建设美丽四川——四川全面加强生态环境保护亮
　　　点回眸［J］.四川党的建设，2018（11）：12-14.

[9] 坚定以习近平生态文明思想为指导　奋力谱写美丽中国的四川篇章
　　　［J］.四川党的建设，2018（13）：7.

[10] 何雄浪，李鹏飞.新时代四川生态建设的对立与统一［J］.四川省
　　　情，2019（11）：62-63.

[11] 李楠.生态旅游规划与四川旅游经济的可持续发展［J］.旅游纵览
　　　（下半月），2016（18）：198-199.

[12] 付军.生态文明视野下古镇旅游资源的保护与开发研究［D］.成都理

工大学，2016.

［13］齐天乐，曾勇.推动四川黄河流域高质量发展之路［J］.四川省情，2020（04）:41-43.

［14］钟洁，覃建雄，蔡新良.四川民族地区旅游资源开发与生态安全保障机制研究［J］.民族学刊，2014，5（04）:53-58+118-119.

［15］吴振明，周江.高质量发展阶段四川区域协调发展的战略思路［J］.四川省情，2018（11）:26-28.

［16］谷啸川.西南山地城市生态基础理论与案例研究［D］.重庆大学，2012.

［17］卢伟.以高水平开放引领四川迈向高质量发展新阶段［J］.先锋，2018（05）:15-17.

［18］王燕.农村经济与环境保护协调发展问题研究［J］.农村经济与科技，2020，31（21）:53-54.

［19］高鸿.美丽乡村背景下的农村生态环境治理分析［J］.中国住宅设施，2020（10）:71-72.

［20］张丽，韦云波.乡村振兴背景下农村生态环境质量评价及管理对策——以安顺市3个行政村为例［J］.安徽农学通报，2020，26（20）:153-157.

［21］杨元粮，李平，周丽娜.农村环境保护措施在循环经济背景下的应用［J］.农家参谋，2020（20）:12.

［22］吴进超.基于新农村建设背景下的生态环境保护及治理对策［J］.化工管理，2020（29）:78-79.

［23］李明玉，袁洋.关于我国农村环境保护中农民地位的法律思考［J］.中国集体经济，2020（28）:109-111.

［24］杨毓敏.优化农村环境保护工作的策略探析［J］.资源节约与环保，2020（09）:18.

［25］祁婷婷.我国农业农村环境保护的思考与建议［J］.农家参谋，2020（18）:118-119.

［26］刘群.美丽乡村建设中的农村非政府组织参与问题研究［D］.山东师范大学，2018.

［27］王丹玉，王山，潘桂媚，奉公.农村产业融合视域下美丽乡村建设困境分析［J］.西北农林科技大学学报（社会科学版），2017，17（02）:152-160.

［28］黄经南，陈舒怡，王存颂，张媛媛.从光辉城市"到美丽乡村"——荷兰Bijlmermeer住区兴衰对我国新农村规划的启示［J］.国际城市规划，2017，32（01）:116-122.

［29］孙小杰.美丽乡村视角下农村人居环境建设研究［D］.吉林大学，2015.

［30］吉颖飞，古清，刘志强.美丽新农村规划建设技术导则［J］.规划师，2015，31（01）:128-133.

［31］暨松涛.美丽乡村建设背景下的农村生态社区发展模式研究［D］.福建农林大学，2014.

［32］李子豪，毛军.地方政府税收竞争、产业结构调整与中国区域绿色发展［J］.财贸经济，2018，39（12）:142-157.

［33］张艳.新时代中国特色绿色发展的经济机理、效率评价与路径选择研究［D］.西北大学，2018.

［34］曾鹏.绿色发展理念视阈下美丽中国建设研究［D］.武汉大学，2017.

［35］杨志江，文超祥.中国绿色发展效率的评价与区域差异［J］.经济地理，2017，37（03）:10-18.

［36］陆波.当代中国绿色发展理念研究［D］.苏州大学，2017.

［37］邬晓霞，张双悦."绿色发展"理念的形成及未来走势［J］.经济问题，2017（02）:30-34.

［38］付保宗.长江经济带产业绿色发展形势与对策［J］.宏观经济管理，2017（01）:55-59.

［39］赵领娣，张磊，徐乐，胡明照.人力资本、产业结构调整与绿色发展

效率的作用机制[J].中国人口·资源与环境，2016，26（11）:106-114.

［40］吴茵茵."美丽中国"视野下的绿色发展研究［D］.西南石油大学，2015.

［41］李琳，楚紫穗.我国区域产业绿色发展指数评价及动态比较［J］.经济问题探索，2015（01）:68-75.

［42］叶敏弦.县域绿色经济差异化发展研究［D］.福建师范大学，2014.

［43］王永芹.当代中国绿色发展观研究［D］.武汉大学，2014.